Wissenschaftliche Reihe Fahrzeugtechnik Universität Stuttgart

Reihe herausgegeben von

Michael Bargende, Stuttgart, Deutschland

Hans-Christian Reuss, Stuttgart, Deutschland

Jochen Wiedemann, Stuttgart, Deutschland

Das Institut für Fahrzeugtechnik Stuttgart (IFS) an der Universität Stuttgart erforscht, entwickelt, appliziert und erprobt, in enger Zusammenarbeit mit der Industrie, Elemente bzw. Technologien aus dem Bereich moderner Fahrzeugkonzepte. Das Institut gliedert sich in die drei Bereiche Kraftfahrwesen, Fahrzeugantriebe und Kraftfahrzeug-Mechatronik. Aufgabe dieser Bereiche ist die Ausarbeitung des Themengebietes im Prüfstandsbetrieb, in Theorie und Simulation. Schwerpunkte des Kraftfahrwesens sind hierbei die Aerodynamik, Akustik (NVH), Fahrdynamik und Fahrermodellierung, Leichtbau, Sicherheit, Kraftübertragung sowie Energie und Thermomanagement – auch in Verbindung mit hybriden und batterieelektrischen Fahrzeugkonzepten. Der Bereich Fahrzeugantriebe widmet sich den Themen Brennverfahrensentwicklung einschließlich Regelungs- und Steuerungskonzeptionen bei zugleich minimierten Emissionen, komplexe Abgasnachbehandlung, Aufladesysteme und -strategien, Hybridsysteme und Betriebsstrategien sowie mechanisch-akustischen Fragestellungen. Themen der Kraftfahrzeug-Mechatronik sind die Antriebsstrangregelung/Hybride, Elektromobilität, Bordnetz und Energiemanagement, Funktions- und Softwareentwicklung sowie Test und Diagnose. Die Erfüllung dieser Aufgaben wird prüfstandsseitig neben vielem anderen unterstützt durch 19 Motorenprüfstände, zwei Rollenprüfstände, einen 1:1-Fahrsimulator, einen Antriebsstrangprüfstand, einen Thermowindkanal sowie einen 1:1-Aeroakustikwindkanal. Die wissenschaftliche Reihe „Fahrzeugtechnik Universität Stuttgart" präsentiert über die am Institut entstandenen Promotionen die hervorragenden Arbeitsergebnisse der Forschungstätigkeiten am IFS.

Reihe herausgegeben von

Prof. Dr.-Ing. Michael Bargende
Lehrstuhl Fahrzeugantriebe
Institut für Fahrzeugtechnik Stuttgart
Universität Stuttgart
Stuttgart, Deutschland

Prof. Dr.-Ing. Hans-Christian Reuss
Lehrstuhl Kraftfahrzeugmechatronik
Institut für Fahrzeugtechnik Stuttgart
Universität Stuttgart
Stuttgart, Deutschland

Prof. Dr.-Ing. Jochen Wiedemann
Lehrstuhl Kraftfahrwesen
Institut für Fahrzeugtechnik Stuttgart
Universität Stuttgart
Stuttgart, Deutschland

Weitere Bände in der Reihe http://www.springer.com/series/13535

Lukas Urban

Modellierung der klopfenden Verbrennung methanbasierter Kraftstoffe

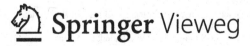
Springer Vieweg

Lukas Urban
IFS, Fakultät 7 Lehrstuhl
für Fahrzeugantriebe
Universität Stuttgart
Stuttgart, Deutschland

Zugl.: Dissertation Universität Stuttgart, 2020

D93

ISSN 2567-0042 ISSN 2567-0352 (electronic)
Wissenschaftliche Reihe Fahrzeugtechnik Universität Stuttgart
ISBN 978-3-658-32917-4 ISBN 978-3-658-32918-1 (eBook)
https://doi.org/10.1007/978-3-658-32918-1

Die Deutsche Nationalbibliothek verzeichnet diese Publikation in der Deutschen National-
bibliografie; detaillierte bibliografische Daten sind im Internet über http://dnb.d-nb.de abrufbar.

Springer Vieweg ist ein Imprint der eingetragenen Gesellschaft Springer Fachmedien Wiesbaden
GmbH und ist ein Teil von Springer Nature.
Die Anschrift der Gesellschaft ist: Abraham-Lincoln-Str. 46, 65189 Wiesbaden, Germany

Vorwort

Die vorliegende Arbeit entstand während meiner Tätigkeit als wissenschaftlicher Mitarbeiter am Forschungsinstitut für Kraftfahrwesen und Fahrzeugmotoren (FKFS) unter der Leitung von Herrn Prof. Dr.-Ing. Michael Bargende.

Mein besonderer Dank gebührt den Herren Prof. Dr.-Ing. Michael Bargende und Dr. Michael Grill für Ihre stete Unterstützung und die hervorragende wissenschaftliche und persönliche Betreuung während der Durchführung dieser Arbeit.

Herrn Prof. Dr.-Ing. Frank Atzler danke ich herzlich für das entgegengebrachte Interesse an dieser Arbeit und die Übernahme des Korreferats.

Für die Finanzierung und Förderung des Forschungsvorhabens „Direct4Gas", das dieser Arbeit zu Grunde liegt, möchte ich mich beim Bundesministerium für Wirtschaft und Technik (BMWi) bedanken.

Bei meinen Kollegen am Institut für Fahrzeugtechnik Stuttgart (IFS) und am FKFS möchte ich mich dafür bedanken, dass Sie durch zahlreiche Anregungen und Diskussionen und die tolle Arbeitsatmosphäre einen wertvollen Beitrag zum Gelingen dieser Arbeit geleistet haben. Hervorheben möchte ich an dieser Stelle meine langjährigen studentischen Hilfskräfte, insbesondere Sebastian Hann, Miguel Angel Pacavita Muñoz und Eduardo Andrés Silva Piñeros, für deren Unterstützung ich sehr dankbar bin.

Ganz herzlich möchte ich zudem meiner Familie danken, die mich nicht nur während der Promotion immer unterstützt hat und ohne die diese Arbeit nicht möglich gewesen wäre.

Grafenau   Lukas Urban

Inhaltsverzeichnis

Abbildungsverzeichnis

Tabellenverzeichnis

Abkürzungsverzeichnis

0D	Nulldimensional
1D	Eindimensional
3D	Dreidimensional
AGR	Abgasrückführung
APR	Arbeitsprozessrechnung
ASP	Arbeitsspiel
AVL	Anstalt für Verbrennungskraftmaschinen List
BD	Brenndauer
BmWi	Bundesministerium für Wirtschaft und Energie
BNG	Bio Natural Gas, Biogas
BP	Betriebspunkt
C	Kohlenstoff
C_2H_2	Ethin (Acetylen)
C_2H_4	Ethen
C_2H_5	Ethyl
C_2H_6	Ethan
C_3H_8	Propan
CA	Crank Angle (Kurbelwinkel)
CFD	Computational Fluid Dynamics, numerische Strömungsmechanik
CFR	Cooperative Fuel Research
CH_2	Methylen
CH_2O	Formaldehyd
CH_2OH	Hydroxymethyl
CH_3	Methyl
CH_3O_2	Methyldioxidanyl
CH_3O_2H	Methylhydroperoxid
CH_3OH	Methanol

CH_4	Methan
CNG	Compressed Natural Gas, komprimiertes Erdgas
CO	Kohlenstoffmonoxid
CO_2	Kohlenstoffdioxid
COV	Kovarianz

DIN	Deutsches Institut für Normung e. V.
DVA	Druckverlaufsanalyse
DVGW	Deutscher Verein des Gas- und Wasserfaches

EASP	Einzelarbeitsspiel

FE	Finite Elemente (Methode)
FKFS	Forschungsinstitut für Kraftfahrwesen und Fahrzeugmotoren Stuttgart
FVV	Forschungsvereinigung Verbrennungskraftmaschinen e. V.

Gl	Gleichung
GRI	Gas Research Institute, University of California, Berkeley

H	High, bezieht sich auf den gravimetrischen Heizwert von Erdgas >46 MJ/kg
H	Wasserstoff
H_2O	Wasser
H_2O_2	Wasserstoffperoxid
HC	Hydrocarbons (Kohlenwasserstoffe)
HCO	Formyl
HO_2	Hydroperoxyl
HS	hot spot, Stelle erhöhter Temperatur im Endgas

iC_4H_{10}	iso-Butan
IFS	Institut für Fahrzeugtechnik Stuttgart

KH	Klopfhäufigkeit
KI	Klopfintensität
KW	Kurbelwinkel

L	Low, bezieht sich auf den gravimetrischen Heizwert von Erdgas >39 MJ/kg
LIF	Laserinduzierte Fluoreszenz
LLNL	Lawrence Livermore National Laboratory
LNG	Liquefied Natural Gas, Flüssigerdgas
LPG	Liquefied Petroleum Gas, Flüssiggas aus Propan und Butan
LW	Livengood-Wu (Integral)
M	Molekül (Stoßpartner)
N_2	Stickstoff
$nC_3H_7O_2$	Alkylperoxid
nC_4H_{10}	n-Butan
NTC	Negative Temperature Coefficient
NUI	National University of Ireland
O_2	Sauerstoff
OH	Hydroxyl
OT	Oberer Totpunkt
PKW	Personenkraftwagen
RCM	Rapid Compression Machine
ROZ	Research-Oktanzahl
sC_4H_9	Butyl
SNG	Synthetic Natural Gas, Synthetisches Erdgas
SWP	Schwerpunkt
SZ	Selbstzündung
USC	University of Southern California
UT	Unterer Totpunkt
VDO	Vereinigte DEUTA–OTA, Marke der Continental AG

WOT	Wide open throttle, Saugvolllast
ZOT	Zünd-OT, oberer Totpunkt zwischen Kompression und Arbeitstakt
ZZP	Zündzeitpunkt

Symbolverzeichnis

	Lateinische Buchstaben	
A	Frequenzfaktor (Ewald-Gleichung)	-
A	Präexponentieller Faktor der Arrhenius Gleichung	-
A_w	Fläche des Wall-Objects im Cantera-Reaktor	m^2
B_i	Abstimmungsparameter der Ewald-Gleichung	-
c	Stoffmengenkonzentration	mol/m^3
C_k	Koeffizient für die turbulente kinetische Energie bei Rechenstart	-
c_v	Spezifische Wärmekapazität bei konstantem Volumen	$J/kg/K$
E_i	Abstimmungsparameter der Ewald-Gleichung	-
e_1	Korrekturfaktor der Zündverzugsapproximation für Mehrkomponentengemische	-
E_A	Aktivierungsenergie	J/mol
F	Abstimmungsparameter der Ewald-Gleichung	-
G	Abstimmungsparameter der Ewald-Gleichung	-
H_u	unterer Heizwert	J/kg
I_K	Zündintegral	-
J	Dichte einer Erhaltungsgröße	-
j	Diffusionsstromdichte	$mol/m^2/s$
k	Geschwindigkeitskonstante	$1/s$ (1.Ord.)
A_F	Flammenoberfläche	m^2
l_T	Taylorlänge	m
M	Molare Masse	kg/mol
m	Abstimmungsparameter der Ewald-Gleichung	-
$\dot{m}$	Massenstrom	kg/s
m	Masse	kg
MZ	Methanzahl	-

n	Abstimmungsparameter der Ewald-Gleichung	-
n	Drehzahl	U/min
n_a	Abstimmungsparameter der Ewald-Gleichung	-
n_{AGR}	Abstimmungsparameter der Ewald-Gleichung	-
p	Druck	bar
p_{mi}	Indizierter Mitteldruck	bar
Q	Quelle einer Erhaltungsgröße	-
Q_B	Brennwärme	J
Q_W	Wandwärme	J
R	Universelle Gaskonstante	J/K/mol
r	Abstimmungsparameter der Ewald-Gleichung	-
r	chemische Bildungsgeschwindigkeit	mol/s/m^3
S_{1-4}	Spline-Stützstellen (Ewald-Gleichung)	-
Sa	Sankaran-Zahl	-
s_L	laminare Flammengeschwindigkeit	m/s
T	Temperatur	K
t	Zeit	s
T^0	Reaktionszonentemperatur (Ewald-Gleichung)	K
T_B	Temperatur im Verbrannten (Ewald-Gleichung)	K
T_{HS}	Temperatur eines hot spots	K
U	Umsatzlage der Verbrennung	°KW
U	innere Energie	J
V	Volumen	m^3
h	spezifische Enthalpie	J/kg
T_2	Ansauglufttemperatur	°C
u	Geschwindigkeit	m/s
u	spezifische innere Energie	J/kg
$U50\%$	Schwerpunktlage (50% Umsatzlage) der Verbrennung	°KW
u_E	Entrainment-Eindringgeschwindigkeit	m/s
u_{turb}	turbulente Schwankungsgeschwindigkeit	m/s
v	Strömungsgeschwindigkeit	m/s
v_w	Geschwindigkeit des Wall-Objects im Cantera-Reaktor	m/s
W_k	Molekulare Masse der Spezies k	kg/mol

W	Stromdichte einer Erhaltungsgröße	-
w	Massenanteil	-
x	Radikalkettenkonzentration	-
x_k	Stoffmengenanteil der Spezies k	-
Y	Reaktiver Massenbruch (Ewald-Gleichung)	-
Y_{AGR}	Massenbruch des Restgasgehalts (Ewald-Gleichung)	-
Y_k	Massenanteil der Spezies k	-
Z^*	Kraftstoffmassenbruch (Ewald-Gleichung)	-
Z^*_{st}	Abstimmungsparameter der Ewald-Gleichung	-
z	Ortsvariable	m

Griechische Buchstaben

χ_T	Taylor-Vorfaktor	-
δQ_1	Maximale Abweichung vom Soll-Heizverlaufs (Heizverlaufskriterium nach Scharlipp)	J/°KW
δQ_2	Minimale Abweichung vom Soll-Heizverlaufs (Heizverlaufskriterium nach Scharlipp)	J/°KW
δQ_3	Maximum des realen Heizverlaufs (Heizverlaufskriterium nach Scharlipp)	J/°KW
η	Wirkungsgrad	-
α	Abstimmungsparameter für die Zündverzugsapproximation	-
β	Abstimmungsparameter für die Zündverzugsapproximation	-
γ	Abstimmungsparameter für die Zündverzugsapproximation	-
λ	Verbrennungsluftverhältnis	-
ν_{turb}	kinematische Viskosität	m^2/s
$\dot{\omega}_k$	Produktionsrate der Spezies k	mol/m^3/s
φ	Kurbelwinkel	°KW
φ	Äquivalenzverhältnis	-
ρ	Dichte	kg/m^3
τ	Zündverzugszeit	s
τ_1	Zündverzug im Niedertemperaturbereich	s

τ_{11}	unteres Temperaturregime im Niedertemperaturbereich	s
τ_{12}	mittleres Temperaturregime im Niedertemperaturbereich	s
τ_{13}	oberes Temperaturregime im Niedertemperaturbereich	s
τ_2	Zündverzug im mittleren Temperaturbereich	s
τ_3	Zündverzug im Hochtemperaturbereich	s
τ_L	charakteristische Brenndauer	s

Indizes

A	Auslassventil
dyn	Dynamisch
E	Einlassventil
E	Entrainment
HS	hot spot
K	Kraftstoff
L	Leckage
mech	Mechanisch
norm	Normiert
uv	Unverbrannte Zone
v	Verbrannte Zone
zyl	Zylinder

Abstract

Due to the important climate protection goals, the reduction of CO_2 emissions is currently the greatest challenge in the development of combustion engines. To lower the associated fuel consumption, the efficiency of existing engine concepts needs to be improved. For spark ignition (SI) engines, however, the efficiency increase is limited by knock, a stochastic phenomenon that occurs during the regular combustion. Knocking is initiated by autoignition in the unburned mixture ahead of the flame front and may cause serious engine failure. When developing and designing future engine concepts, it is therefore important to be able to predict the occurrence of knock. For this reason, a predictive knock model approach for natural gas powered SI engines was developed within the scope of this work, which can be embedded in 0D/1D simulation tools.

While many existing knock models are based on empirical measurement data fits, the model developed in this work relies on fundamental chemical kinetic investigations with detailed reaction mechanisms that were designed for natural gas autoignition. By using chemical kinetics software and an isochoric reactor model, the ignition process of methane-based fuels was simulated for various temperatures, pressures and mixture compositions. To investigate the influence of the respective secondary gas component, the ignition delay times were calculated for a large number of different binary gases, considering the admixture of ethane, propane, butane and hydrogen up to molar fractions of 40 % each. In contrast to conventional liquid fuels like gasoline, the phenomenon of two-stage ignition could not be observed for the gaseous fuels investigated.

Due to the high computational effort required, detailed chemical kinetics are not suitable for 0D/1D working process simulations. Hence, the ignition delay times were approximated by using a modified and multi-domain Arrhenius equation. This approximation takes the effect of temperature, pressure, fuel composition, air-fuel ratio and residual gas fraction into account and is calibrated for low-, medium- and high-temperature regimes of ignition by using the Weisser approach. For multi-component mixtures a linear combination was used, which made it possible to combine the singular effects of different fuel species. It could be demonstrated that with this method the ignition delay time of natural gas blends can be computed with an error of less than 5 % for engine relevant boundary conditions.

In the further course of this work an enhanced reactor model was developed in order to investigate the autoignition process under varying pressure and temperature boundary conditions. The results of a single-cycle, two-zone pressure trace analysis (PTA) served as input for the model with the aim of simulating the unburned gas compression by regular combustion and piston movement. To calculate the autoignition progress, the Livengood-Wu integral was used. It was proven that by using the integral approach in combination with the approximated ignition delay times, it is possible to predict the onset of autoignition without significant error. If the simulation results are compared with measurement data from a single-cylinder test bench [83] [82], a temperature offset of about 30 K on the mass-averaged unburned zone temperature is required to be able to predict the onset of knock from the experiment within a scatter band of $\pm 5°\text{CA}$.

For the simulation of the knock limit, it is necessary to depict the conditions of the unburned gas mixture very accurately. Therefore, a phenomenological burn rate model is needed, that is capable of predicting the effect of different parameters like the engine speed or the air-fuel ratio on the regular combustion. Consequently, an extended entrainment model was used, which can predict the fuel influence on the flame front propagation by using a formulation for the laminar flame speed. The latter was derived from flat flame simulations with detailed chemical kinetics and is already published in [39], [40], [38] and [97]. The formulation takes the effects of temperature, pressure and mixture composition into account and was validated for various engine operating points.

When operating the engine close to a defined knock limit, it was found that almost all evaluated single working cycles show non-critical autoignition phenomena that do not induce knock events. By analyzing the thermodynamic conditions at the time of the autoignition event, it was possible to show that the knock intensity correlates with the temperature of the unburned mixture. Accordingly, the highest knock intensities tended to be observed when autoignition took place at the moment when the maximum temperature of the unburned zone was reached. From this observation, a knock modeling approach was deduced which contains the formulation of a reaction front velocity and allows the prediction of the autoignition characteristics.

To validate the developed modeling approaches, they were coupled with a 1D engine flow model. Using this model, the MFB50 (50 % mass fraction burned point) at the defined knock limit were predicted for multiple variations of the operating conditions. The knock model was calibrated only once through an offset to the mass-averaged temperature of the unburned zone, which was held constant throughout the different variations. This calibration method simplifies the application considerably compared to other modeling approaches that use several calibration parameters.

Comparing the predicted knock limit with measurement data shows that the developed knock model is able to predict the fuel influence on the knock tendency of different natural gas blends correctly. The knock limit of methane-based fuels with larger amounts of higher hydrocarbons (up to methane numbers of MN65) can be mapped correctly, too. Throughout all examined operating conditions like engine speed, mixture composition and inlet temperature and without recalibration of the model parameter, the deviation does not exceed 3.1°CA. The observed error can be attributed to the uncertainty in determining the (temperature) conditions in the unburned zone and the high temperature sensitivy of the autoignition process.

In summary, the presented model approaches can be used to improve existing 0D/1D simulation tools and, thus, contribute to an efficient development of future engine concepts. Due to the reaction kinetics based implementation of the autoignition chemistry, the developed knock model is furthermore very robust and therefore suitable for transfering it to other engine concepts or operating conditions. By using a single calibration parameter, it also provides the advantage of being easy to use.

Kurzfassung

Um die Vorentwicklung und Auslegung erdgasbetriebener Ottomotoren zu erleichtern und damit einen Beitrag zur Verbesserung bestehender Motorenkonzepte zu leisten, wurde im Rahmen der vorliegenden Arbeit ein Klopfmodellierungsansatz für methanbasierte Gemische entwickelt. Im Gegensatz zu vielen rein empirisch basierten Modellansätzen aus der Literatur, basiert dieser Ansatz auf reaktionskinetischen Untersuchungen. Mit ausgewählten Reaktionsmechanismen wurde der Einfluss verschiedener Parameter wie Temperatur, Druck, Kraftstoff- und Gemischzusammensetzung untersucht und die Zündverzugszeiten mit einem mehrstufigen Arrhenius-Ansatz approximiert. Mit der Approximation ist es sowohl möglich, den singulären Einfluss einzelner Kraftstoffkomponenten vorherzusagen, als auch auch das Verhalten von Mehrkomponentengemischen wie natürlichem Erdgas zu beschreiben. Im Vergleich zu einer vollständigen Abbildung der Reaktionskinetik bieten sich für die Arbeitsprozessrechnung zudem enorme Rechenzeitvorteile.

Es konnte gezeigt werden, dass es mit den berechneten Zündverzugszeiten und einem integralen Ansatz möglich ist, den Selbstzündungszeitpunkt für unterschiedliche Randbedingungen vorherzusagen. Die Modellvalidierung wurde in einem eigens dafür entwickelten Reaktormodell und mit einer breiten Messdatenbasis eines Einzylinder-Gasmotorenprüfstandes aus [83] und [82] durchgeführt.

Für die Vorhersage der Klopfgrenze wurde ein bestehendes Entrainmentmodell mit einem Berechnungsansatz für die laminare Flammengeschwindigkeit erweitert, der auch in den Veröffentlichungen [39] [40] [38] und [97] beschrieben ist und ebenfalls auf Reaktionskinetikrechnungen basiert. Im Vergleich mit den Motormessdaten zeigt sich, dass, neben der qualitativ richtigen Abbildung der Einflussgrößen, die Klopfgrenze über alle untersuchten Betriebspunkte hinweg und mit einem konstanten Abstimmungsparametersatz mit einer Genauigkeit von <3,1°KW vorhergesagt werden kann, was angesichts der Unsicherheit bei der Bestimmung der Endgastemperatur und der starken Temperaturabhängigkeit der Zündverzugszeit plausibel erscheint.

Die entwickelten Modellierungsansätze können als Erweiterung aktueller Tools für die Arbeitsprozessrechnung dienen und sind somit ein wichtiges Werkzeug für eine effiziente Motorvorentwicklung.

1 Einleitung und Zielsetzung

Die im Jahr 2015 formulierten Pariser Klimaziele [70] und die damit verbundenen Vorgaben hinsichtlich der Kohlenstoffdioxidemissionen erfordern eine Weiterentwicklung der bestehenden Antriebstechnologien und Kraftstoffe. Die Elektromobilität alleine ist nicht in der Lage die kurzfristigen CO_2-Ziele zu erfüllen, insbesondere wenn bei der Bilanzierung auch der Anteil fossiler Brennstoffe an der Stromerzeugung berücksichtigt wird [1]. Daher muss die Effizienz von konventionellen Verbrennungsmotoren verbessert und die im Individualverkehr dominierenden Kraftstoffe Benzin und Diesel durch preisgünstige Alternativen mit besserer CO_2-Bilanz substituiert werden. Ein qualitativer Vergleich ausgewählter Antriebstechnologien, die in Zukunft eine Rolle spielen könnten, ist in 1.1 dargestellt.

Antrieb / Kriterium	Euro-VI-Diesel	batterieelektrisch	Wasserstoff (Brennstoffzelle)	e-Gas (CBG, P-t-G)
Lokale Emissionen von Luftschadstoffen und Feinstaub	geringe Emissionen	keine Emisionen	keine Emisionen	sehr geringe Emissionen
CO_2-Minderungspotezial	zum Teil gegeben (hohe Motoreneffizienz)	bei ausschließlich erneuebarer Stromerzeugung⁵	bei H₂ Herstellung ausschließlich aus ernerbaren Energien	-(80–90)% gegenüber Diesel Euro VI
Lade-/Tankzeit	< 10 Min.	mehrere Stunden	< 10 Min.	< 10 Min.
Technischer Reifegrad	hoch	mittel	niedrig	hoch
Infrastrukturaufwand und Kosten	niedrig	hoch	hoch	niedrig

Abbildung 1.1: Qualitativer Vergleich der Antrieboptionen Diesel, batterieelektrisch, Wasserstoff und e-Gas (Compressed Biogas/CBG, Gas aus Power-to-Gas-Verfahren/PtG) [16]

Neben synthetischem Methan, das durch Power-to-Gas-Verfahren (PtG) mithilfe von überschüssigem Strom aus sog. regenerativen Energiequellen CO_2-neutral hergestellt werden kann (e-Gas), besitzt auch natürliches Erdgas im

---

[1]In Deutschland betrug der Anteil von Stein- und Braunkohle an der Stromerzeugung im Jahr 2018 über 37 %. Der Anteil sog. regenerativer Energien lag bei ca. 40 %. [9]

© Der/die Autor(en), exklusiv lizenziert durch
Springer Fachmedien Wiesbaden GmbH, ein Teil von Springer Nature 2021
L. Urban, *Modellierung der klopfenden Verbrennung methanbasierter
Kraftstoffe*, Wissenschaftliche Reihe Fahrzeugtechnik Universität Stuttgart,
https://doi.org/10.1007/978-3-658-32918-1_1

Vergleich zu den fossilen Flüssigkraftstoffen ein erhebliches CO_2-Einsparpotential. Der Grund dafür liegt im günstigen H/C-Verhältnis von Methan, das im Vergleich zu Benzin zu einer Reduktion der CO_2-Emissionen von ca. 20 % führt. Zusätzlich bietet die hohe Klopffestigkeit von Methan die Möglichkeit, das geometrische Verdichtungsverhältnis von Ottomotoren (bei einem monovalenten Motorkonzept) anzuheben und dadurch den thermodynamischen Wirkungsgrad zu steigern. Auch bei bivalenten Ottomotoren ergeben sich durch wirkungsgradoptimierte Verbrennungslagen Vorteile im Erdgasbetrieb. [99]

Bei der Konzeptionierung und Vorauslegung von (erdgasbetriebenen) Ottomotoren ist es wichtig die Betriebsgrenzen für unterschiedliche Randbedingungen vorauszusagen. Der limitierende Faktor ist oftmals die Klopfgrenze, also der Betriebsbereich in dem es im unverbrannten Luft-/Kraftstoffgemisch (auch als Endgas bezeichnet) zu ungewollten Selbstzündungen kommt, die wiederum zu einem brennraumschädigenden Motorklopfen führen können.

Die Selbstzündungsneigung ist abhängig von verschiedenen Parametern wie der Kraftstoff- und Gemischzusammensetzung, der Temperatur und dem Zylinderdruck. Bestehende Ansätze für die Vorhersage von motorischen Selbstzündungsphänomenen basieren zumeist auf empirischen Modellen. Die Übertragung dieser Modelle auf andere Motorkonzepte ist problematisch und macht oftmals eine grundlegende Neuabstimmung der Kalibrierungsparameter notwendig. Im Zuge dieser Arbeit wurde deshalb ein Klopfmodellierungsansatz für methanbasierte Gemische auf Basis reaktionskinetischer Untersuchungen erarbeitet und in ein bestehendes Verbrennungsmodell eingebettet. Um auch den Kraftstoffeinfluss auf die reguläre Verbrennung abbilden zu können, wurde im Rahmen der Arbeit von Hann [38] eine Approximation der laminaren Flammengeschwindigkeit für verschiedene Binärgase auf Methanbasis entwickelt, die hier ebenfalls vorgestellt wird.

Ziel dieser Arbeit ist es, die Selbstzündungschemie verschiedener Erdgaszusammensetzungen zu verstehen und abzubilden um insbesondere den Kraftstoffeinfluss auf das Motorklopfen vorhersagen zu können. Durch einen möglichst allgemeingültigen Ansatz soll die Übertragbarkeit der Modelle auf andere Motoren gewährleistet werden.

2 Grundlagen

Für ein besseres Verständnis der nachfolgenden Kapitel werden hier die wichtigsten Grundlagen der Verbrennungschemie von Kohlenwasserstoffen und des motorischen Klopfens dargestellt.

2.1 Erdgas als Kraftstoff

In Deutschland ist der Stellenwert von Erdgas als Energieträger im Mobilitätssektor gering, da 80 % des Erdgases für die Wärmeerzeugung genutzt werden. Durch das hohe CO_2-Einsparpotential und die großen, weltweit verfügbaren Erdgasressourcen ist es denkbar, dass der Kraftstoff Erdgas zukünftig an Bedeutung gewinnt. Gemäß den Neuzulassungsstatistiken des Kraftfahrtbundesamtes waren Erdgasantriebe die prozentual gesehen am stärksten wachsende Antriebsart im Jahr 2018. [99] [58] [17]

2.1.1 Grundlegendes

Gemäß einer Studie der Bundesanstalt für Geowissenschaften und Rohstoffe von 2017 [1] ist Erdgas nach Erdöl und Kohle der global drittwichtigste Primärenergieträger. Weltweit stehen nach Schätzungen Ressourcen von über 640 Millionen Kubikmetern an Erdgas zur Verfügung, wovon rund ein Viertel der Russischen Föderation zugeordnet werden kann. Konventionelles Erdgas - auch als natural gas (NG) bezeichnet - zählt zu den fossilen Energieträgern und entsteht wie Erdöl durch Umwandlung organischer Stoffe unter hohen Temperaturen und Drücken und unter anaeroben Bedingungen im Erdinneren. Als natürliche Ressource ist Erdgas ein Gasgemisch, das mit einem Massenanteil von 75 bis 98 % hauptsächlich aus Methan besteht und dessen genaue Zusammensetzung je nach geologischen Randbedingungen der Lagerstätte variiert. Neben Methan sind im Erdgas niedere Alkane wie Ethan, Propan und Butan und inerte Komponenten wie Kohlenstoffdioxid und Stickstoff enthalten. Schwefel, Wasser und langkettige Kohlenwasserstoffe werden im Aufbereitungsprozess durch Abscheidung, Reinigung und Trocknung entzogen und sind daher für die physikalischen und chemischen Eigenschaften vernachlässigbar. [99]

Die im Vergleich zu Flüssigkraftstoffen geringe Massendichte von Methan, die unter Standardnormbedingungen 0,66 kg/m^3 beträgt, führt bei gemischansaugenden Erdgasmotoren zu Füllungsverlusten. Um den volumenbezogenen Energiegehalt zu erhöhen, wird Erdgas daher für viele technische Anwendungen auf Drücke bis zu 200 bar verdichtet. Komprimiertes Erdgas wird als CNG (compressed natural gas) bezeichnet. Durch eine Verflüssigung kann die Energiedichte weiter gesteigert werden. In diesem Fall spricht man von LNG (liquified natural gas), dessen Speicherung aufgrund des Kühlbedarfs jedoch deutlich aufwendiger ist. LNG darf nicht mit LPG (liquid petroleum gas) verwechselt werden, das ein Gemisch aus Propan und Butan ist und oftmals als Autogas bezeichnet wird.

Gasförmiges Erdgas wird je nach chemischer Zusammensetzung in zwei verschiedene Typen klassifiziert. Gemäß DIN 51624 wird zwischen Erdgas L ("Low"), das einen gravimetrischen Heizwert von mindestens 39 MJ/kg besitzen muss, und Erdgas H ("High"), für das ein unterer Grenzwert von 46 MJ/kg gilt, unterschieden. Typische Zusammensetzungen der zwei Erdgastypen sind in Tabelle 2.1 aufgeführt.

Tabelle 2.1: Typische Eigenschaften in Deutschland verteilter Erdgase [99]

Spezies [mol%]	Erdgas H			Erdgas L	
	Russland	Nordsee	Dänemark	Holland	Deutschland
CH_4	96,96	88,71	90,07	84,64	86,46
C_2H_6	1,37	6,93	5,68	3,56	1,06
C_3H_8	0,45	1,25	2,19	0,61	0,11
C_4H_{10}	0,15	0,28	0,90	0,19	0,03
$\geq C_5$	0,03	0,07	0,28	0,11	0,02
CO_2	0,18	1,94	0,60	1,68	2,08
N_2	0,86	0,82	0,28	10,21	10,24
MZ [-]	90	79	72	88	97

Neben natürlichem Erdgas spielen auch synthetisch erzeugte Erdgassubstitute und Biogas zunehmend eine Rolle. Synthetisches Erdgas (SNG, synthetic natural gas) kann durch Methanisierung von Kohlenstoffdioxid unter Verwendung von überschüssigem Strom aus der Windkraft erzeugt werden und bietet damit als sog. CO_2 neutraler Kraftstoff großes Klimaschutz-Potential. Durch Fermentierung erzeugtes und aufbereitetes Biogas (BNG, Bio natural Gas) wird schon seit Jahren ins deutsche Erdgasnetz eingespeist und Anteil und Menge wachsen stetig. Nach einer Veröffentlichung der Bundesnetzagentur wird ein Ziel von jährlich 6 Mrd. Nm^3 Biogas bis zum Jahr 2020 angestrebt. Gemäß dem Monitoringbericht 2018 lag die eingespeiste Biogasmenge im Jahr 2017 bei 853 Mio Nm^3 Biogas, was einem Zielerreichungsgrad von rund 14 % entspricht. [7] [8]

In vielen Diskussionen um die Mobilität der Zukunft wird Wasserstoff als vielversprechender Energiespeicher genannt, zumeist in Kombination mit der Brennstoffzelle. Wasserstoff kann jedoch - gebunden in Netzgas - auch direkt in einem Verbrennungsmotor genutzt werden. In einer Machbarkeitsstudie des DVGW (Deutscher Verein des Gas- und Wasserfachs) [22] wurde untersucht, ob sich im Erdgasnetz ein Wasserstoffanteil von bis zu 10 Vol.-% realisieren ließe. Nach dem Ergebnis der Studie ist das nicht nur für Abnehmer technisch möglich, sondern auch im Rahmen der in DVGW-Arbeitsblatt G 260 [15] aufgeführten Anforderungen an die Netzgasbeschaffenheit umsetzbar. Wird der Wasserstoff mithilfe sog. erneuerbarer Energien erzeugt, bietet sich damit die Möglichkeit einer Dekarbonisierung.

2.1.2 Methanzahl

Neben den Anforderungen an den Heizwert müssen Gaskraftstoffe für die Anwendung im Fahrzeug gemäß DIN 51624 eine Mindestklopffestigkeit aufweisen. Ähnlich wie die Research-Oktanzahl (ROZ) für Flüssigkraftstoffe existiert mit der Methanzahl (MZ) eine Kenngröße, mit der sich die Klopfneigung von gasförmigen Kraftstoffen beschreiben lässt. Sie gibt das prozentuale Volumenverhältnis von Methan in einem binären Vergleichsgemisch aus Methan und Wasserstoff an. Eine Methanzahl von 100 sagt beispielsweise aus, dass die Klopfneigung des zu prüfenden Gasgemischs dem eines Vergleichsgemischs

aus 100 mol% Methan und 0 mol% Wasserstoff gleicht. Die Prüfung erfolgt an
CFR-Prüfmotoren (Cooperative Fuel Research) mit variablem Verdichtungsverhältnis und unter konstanten Randbedingungen hinsichtlich Drehzahl, Ansauglufttemperatur und Zündzeitpunkt.

Eine große Messdatenbasis verschiedener Binär- und Ternärgemische wurde
im Rahmen der FVV-Forschungsvorhaben 90 und 102 [10] gewonnen. Aus den
Versuchsergebnissen wurden Mischungsregeln für einzelne Gaskomponenten
abgeleitet, die als Grundlage für die Berechnung der sog. AVL-Methanzahl
dienen. Damit lässt sich die Methanzahl beliebiger Mischungsverhältnisse für
bestimmte Komponenten berechnen. Ein Ergebnisdiagramm einer Mischungs-
regel für ein ternäres Gemisch mit den Komponenten Methan, Ethan und Propan ist in Abbildung 2.1 dargestellt.

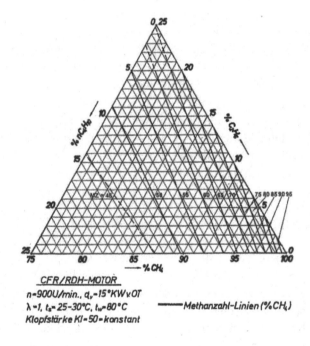

Abbildung 2.1: AVL-Methanzahl für ein ternäres Gemisch in Abhängigkeit
der Molanteile an Methan, Ethan und Butan [10]

Auch die Klopfneigung von LNG kann mit der Methanzahl beschrieben werden. Aufgrund der teilweise höheren Stoffmengenanteile an längerkettigen Kohlenwasserstoffen (>C2) erfüllen jedoch nicht alle LNG-Gemische die in DIN 51624 spezifizierte Anforderung an die Mindestklopffestigkeit.

2.2 Grundlagen der Reaktionskinetik

In der physikalischen Chemie ist die Kinetik der Bereich, der sich mit den elementar ablaufenden Reaktionen und deren Geschwindigkeit befasst. Jeder chemische Prozess kann in eine oder mehrere Elementarreaktionen, die aufgrund von Stoßprozessen einzelner Moleküle in der Gasphase ablaufen, unterteilt werden. Eine Globalreaktion kann demzufolge als Kombination von Elementarreaktionen aufgefasst werden. Bei der Verbrennung von insbesondere höheren Kohlenwasserstoffen sind die einzelnen Reaktionspfade teilweise so komplex und umfassend, dass sie noch nicht vollständig erforscht sind. [95]

Die Reaktionsrate, also der zeitliche Ablauf einer chemischen Reaktion in Abhängigkeit der Konzentration beteiligter Spezies, lässt sich mit dem Geschwindigkeitsgesetz beschreiben. Eine chemische Reaktion der Spezies A,B,C, ... und dem Geschwindigkeitskoeffizienten k kann beispielhaft über die Reaktionsgleichung

$$A + B + C + \cdots \xrightarrow{\ k\ } D + E + F + \cdots \qquad \text{Gl. 2.1}$$

dargestellt werden. Die empirische Formulierung der Reaktionsgeschwindigkeit als Konzentrationsänderung führt für die Reaktionsrate der Spezies A zu Gl. 2.2. Die Summe der Exponentialkoeffizienten a, b, c, ... wird als (Gesamt-) Reaktionsordnung bezeichnet.

$$\frac{d[A]}{dt} = -k \cdot [A]^a [B]^b [C]^c \ldots \qquad \text{Gl. 2.2}$$

Mit $k_{exp} = k \cdot [B]^b [C]^c$ ... und der Annahme, dass sich die Konzentration von im Überschuss vorhandenen Spezies kaum ändert, lässt sich das Zeitgesetz wie in Gl. 2.3 vereinfachen.

$$\frac{d[A]}{dt} = -k_{exp}[A]^a \qquad \text{Gl. 2.3}$$

Die Konzentrationsänderung kann abhängig von der Reaktionsordnung durch Integration der Differenzgleichung berechnet werden. Ein Großteil der Elementarreaktionen bei der Verbrennung von Kohlenwasserstoffen sind bimolekulare Reaktionen, die durch Kollision zweier Moleküle ablaufen. Sie lassen sich demzufolge mit einem Zeitgesetz zweiter Ordnung beschreiben. Darüber hinaus zählen unimolekulare Zerfallsreaktionen (erste Ordnung) und trimolekulare Rekombinationsreaktionen (dritte Ordnung) zu den in der Praxis am häufigsten auftretenden Reaktionstypen. [53][104]

Elementarer Bestandteil der Zeitgesetze ist die Geschwindigkeitskonstante k bzw. k_{exp}, die allgemein nichtlinear von der Temperatur abhängt. Dieser Zusammenhang wird mit dem Arrhenius-Gesetz in Gl. 2.4 beschrieben. Die Temperaturabhängigkeit des präexponentiellen Faktors $A = A(T)$ wird zumeist vernachlässigt, wodurch sich für k ein vereinfachter exponentieller Temperatureinfluss ergibt. Neben der universellen Gaskonstante $R = 8,314\ \frac{J}{K \cdot mol}$ geht die Aktivierungsenergie E_A in die Berechnung ein. Sie kann als Energiebarriere, die für den Reaktionsablauf überschritten werden muss, betrachtet werden und entspricht beispielsweise für Dissoziationsreaktionen der Bindungsenergie der getrennten chemischen Bindung.

$$k = A \cdot exp\left(-\frac{E_a}{RT}\right) \qquad \text{Gl. 2.4}$$

Die Druckabhängigkeit des Geschwindigkeitskoeffizienten wird in der Literatur oftmals mit dem Lindemann-Modell verdeutlicht, bei dem eine Rekombinationsreaktion als Abfolge mehrerer Elementarreaktionen betrachtet wird. Demnach muss ein Molekül vor dem unimolekularen Zerfall erst durch einen Stoß mit einem anderen Molekül angeregt werden:

$$A + M \xrightarrow{k_a} A^* + M \quad (Aktivierung) \qquad \text{Gl. 2.5}$$

$$A^* + M \xrightarrow{k_{-a}} A + M \quad (Deaktivierung) \qquad \text{Gl. 2.6}$$

$$A^* \xrightarrow{k_u} P \quad (Unimolekulare \ \ Reaktion). \qquad \text{Gl. 2.7}$$

Mit der Annahme, dass die Konzentration der intermediären Spezies nahezu konstant $\frac{d[A^*]}{dt} \approx 0$ bleibt, kann der Druckeinfluss auf die Geschwindigkeit der Bruttoreaktion mithilfe einer Fallunterscheidung verdeutlicht werden. Für niedrige Drücke hängt die Reaktionsrate maßgeblich von der Konzentration der Stoßpartner und damit von der Geschwindigkeit der Aktivierungsreaktion ab. Das Geschwindigkeitsgesetz lässt sich für diesen Fall wie in Gl. 2.8 formulieren. In Gl. 2.9 hingegen ist der Fall für hohe Drücke dargestellt. Dann nämlich kann die Stoßpartnerkonzentration vernachlässigt werden und die Zerfallsreaktion wird zum geschwindigkeitsbestimmenden Schritt.

$$\frac{d[P]}{dt} = k_a \cdot [A][M] = k_0 \cdot [A][M] \qquad \text{Gl. 2.8}$$

$$\frac{d[P]}{dt} = \frac{k_u k_a}{k_{-a}} \cdot [A] = k_\infty \cdot [A] \qquad \text{Gl. 2.9}$$

Die Druckabhängigkeit des Geschwindigkeitskoeffizienten wird in der Literatur oftmals mithilfe von Falloff-Kurven beschrieben. In Abbildung 2.2 sind die Falloff-Kurven des unimolekularen Ethan-Zerfalls $C_2H_6 \longrightarrow CH_3 + CH_3$ für verschiedene Temperaturen dargestellt. [53][104]

Für ein weiterführendes Verständnis über den Ablauf und die Geschwindigkeit chemischer Prozesse sei auf die Fachliteratur [95] und [104] verwiesen.

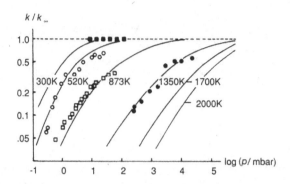

Abbildung 2.2: Falloff-Kurven des unimolekularen Ethan-Zerfalls [104]

2.3 Verbrennung von Kohlenwasserstoffen

Die bei der Verbrennung von Kohlenwasserstoffen durchlaufenen Reaktionspfade sind komplex. Selbst für die einfachen Alkane wie Methan umfassen die
Reaktionsmechanismen hunderte einzelner Elementarreaktionen, deren Abfolge den Verbrennungsprozess bestimmt. Aufgrund ihres geschwindigkeitsbestimmenden Charakters nehmen insbesondere Radikalkettenreaktionen eine
wichtige Rolle in der Verbrennungschemie ein. Nach Warnatz [104] lässt sich
ein solcher Radikalkettenmechanismus in vier Schritte unterteilen:

1. **Ketteneinleitung**:
   In den Ketteneinleitungsschritten werden Radikale aus stabilen Spezies gebildet. Am Beispiel des Wasserstoff-Sauerstoff Reaktionssystems ist beispielsweise die Bildung von Hydroxyl-Radikalen aus molekularem Wasser-
   und Sauerstoff $H_2 + O_2 \longrightarrow 2\,OH\cdot$ der initiierende Schritt.

2. **Kettenfortpflanzung**:
   Reagieren Radikale mit stabilen Spezies und bilden dadurch weitere Radi-
   kale, spricht man von kettenfortplanzenden Schritten. Als Beispiel dient die
   Reaktion $OH\cdot + H_2 \longrightarrow H_2O + H\cdot$.

3. **Kettenverzweigung**:
   Schritte, bei denen aus einer reaktiven Spezies (durch Reaktion mit einer

stabilen Spezies) zwei Radikale entstehen, werden gemäß Warnatz als kettenverzweigende Reaktionen bezeichnet. Ein typischer Vertreter dieses Reaktionstyps ist die Reaktion $H \cdot + O_2 \longrightarrow OH \cdot + O \cdot$. Kettenverzweigungsmechanismen spielen bei der Kohlenwasserstoffverbrennung eine wichtige Rolle.

4. **Kettenabbruch:**
Als Kettenabbruch werden Reaktionsschritte wie $H \cdot + O_2 + M \longrightarrow HO_2 + M$ bezeichnet, bei denen Radikale unter Bildung stabiler Spezies verbraucht werden. Die Reduktion der Anzahl an Kettenträgern führt letztlich zu einem Abbruch der Radikalkettenreaktion.

Bei der Verbrennung von Kohlenwasserstoffen sind die Kettenverzweigungsmechanismen für hohe Temperaturen >1100 K weitestgehend unabhängig vom eingesetzten Brennstoff. Bei niedrigeren und damit für die motorische Selbstzündung relevanten Temperaturniveaus verstärken sich hingegen die kraftstoffspezifischen Effekte und die Komplexität der Reaktionspfade nimmt zu. Aus diesem Grund macht es Sinn die Hoch- und Niedertemperaturchemie getrennt voneinander zu betrachten. [104]

2.3.1 Hochtemperaturchemie

Bei hohen Temperaturen >1100 K, wie sie beispielsweise in einer Flammenfront vorkommen, dominiert die Radikalchemie den Verbrennungsprozess. Daher sind die Reaktionsschemata auch für höhere Kohlenwasserstoffe vergleichsweise simpel. Eingeleitet wird die Oxidation durch die sog. H-Abstraktion, bei dem die C-H Bindung des Alkans durch den Angriff eines Radikals - bspw. das hoch reaktive Hydroxyl (OH) - aufgespalten wird. Durch thermischen Zerfall unter Alkenbildung entstehen in Folge immer kleiner Alkyle, bis hin zu den relativ stabilen Alkylen Methyl (CH_3) und Ethyl (C_2H_5). Die Oxidation der niederen Alkyle ist gut erforscht und lässt sich nach Warnatz über das Reaktionsschema in Abbildung 2.3 darstellen. [95]

Demnach kombiniert das Methyl-Radikal mit Sauerstoff (O_2) zu Formaldehyd (CH_2O), das wiederum durch Angriff eines Radikals zu Formyl (HCO) reagiert. Im weiteren Verlauf reagiert das Formyl-Radikal zu Kohlenstoffmonoxid

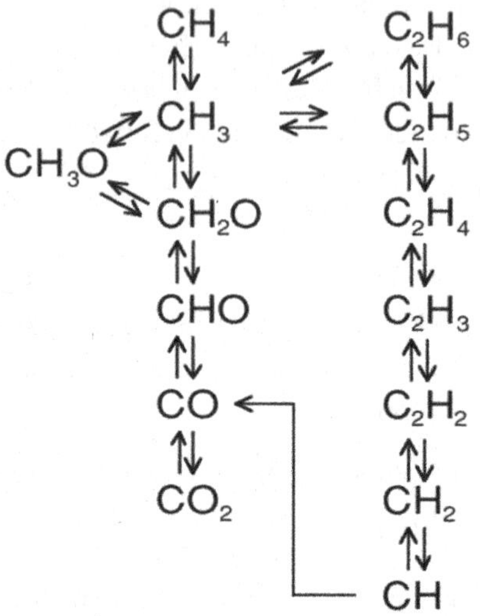

$$
\begin{array}{ccc}
\mathrm{CH_4} & & \mathrm{C_2H_6} \\
\updownarrow & \rightleftarrows & \updownarrow \\
\mathrm{CH_3} & \rightleftarrows & \mathrm{C_2H_5} \\
\mathrm{CH_3O} & \updownarrow & \updownarrow \\
\mathrm{CH_2O} & & \mathrm{C_2H_4} \\
\updownarrow & & \updownarrow \\
\mathrm{CHO} & & \mathrm{C_2H_3} \\
\updownarrow & & \updownarrow \\
\mathrm{CO} \leftarrow & & \mathrm{C_2H_2} \\
\updownarrow & & \updownarrow \\
\mathrm{CO_2} & & \mathrm{CH_2} \\
& & \updownarrow \\
& & \mathrm{CH}
\end{array}
$$

Abbildung 2.3: Reaktionspfaddiagramm der C_1 und C_2 Kohlenwasserstoff-oxidation [104]

(CO), das durch ein OH-Radikal zu Kohlenstoffdioxid (CO_2) oxdiert. Neben dem beschriebenen Primärpfad existieren Parallelpfade, beispielsweise durch Bildung von Methylen (CH_2) und dem dreifach ungesättigten Radikal Methylidin (CH) oder der Reaktionspfad über Hydroxymethyl (CH_2OH) oder weitere, weniger relevante Reaktionen. [95]

Durch die Bildung von CO und CO_2 in den letzten beiden Schritten des Reaktionsablaufs werden rund 90 % der im Brennstoff gebundenen Energie freigesetzt. Deshalb erfolgt der wesentliche Temperaturanstieg auch erst gegen Ende des kompletten Verbrennungsprozesses. Eine möglichst vollständige Verbrennung ist daher hinsichtlich eines wirkungsgradoptimalen Motorprozesses unabdingbar. Neben der Chemie spielen bei der turbulenten Flammenausbreitung im einem Ottomotor jedoch auch Strömungsphänomene eine wichtige Rolle. [53]

2.3.2 Niedertemperaturchemie

Die Niedertemperaturkinetik der Kohlenwasserstoffverbrennung umfasst je nach Druck den Temperaturbereich von 500 K bis maximal 1500 K und ist damit ausschlaggebend für den motorischen Selbstzündungsprozess im unverbrannten Endgas. Für die Beschreibung thermischer Zerfallsprozesse, wie sie in Flammen auftreten, ist die Niedertemperaturkinetik jedoch ungeeignet. Im Vergleich zu hohen Temperaturen >1500 K ist die Verbrennungschemie von Kohlenwasserstoffen im Niedertemperaturbereich durch die große Vielfalt beteiligter Radikale komplexer und umfangreicher, was sich beispielsweise darin zeigt, dass die Elementarreaktionen und deren Kinetik für sehr langkettige Alkylradikale noch nicht vollständig erforscht sind. [76][95]

In Abbildung 2.4 ist ein Reaktionspfaddiagramm aus [95] für Methan bei einer Temperatur von 1345 K und Umgebungsdruck (1 atm) dargestellt. Die im Diagramm abgebildeten Reaktionsnummern beziehen sich auf den GRI-Mech Reaktionsmechanismus [89] und die dort hinterlegten Elementarreaktionen. Die schwarzen Pfeile stellen Reaktionspfade dar, die im Vergleich zur Hochtemperaturverbrennung hinzukommmen. Charakteristisch für den Niedertemperaturbereich ist die Bildung von höheren Kohlenwasserstoffen als das ursprüngliche Brennstoff-Alkan. Im Fall der Methanverbrennung wird durch die Reaktion von Methylmolekülen Ethan gebildet, das wiederum über Ethen (C_2H_4) und Acetylen (C_2H_2) zu Kohlenstoffmonoxid (CO) und Methylen (CH_2) reagiert. Neben dem C_2H_6-Parallelpfad existiert ein weiterer Pfad, der von CH_3 über CH_3OH zu CH_2OH führt. Ein weiterer Unterschied im Vergleich zu höheren Temperaturen besteht in der zunehmenden Bedeutung von Rekombinationsreaktionen $R \cdot + H \cdot \longrightarrow RH$, die den Reaktionsablauf durch Bildung der Ausgangsspezies zurücksetzen.

Neben den dargestellten Reaktionspfaden unterscheiden sich im Niedertemperaturbereich auch die kettenverzweigenden Schritte im Vergleich zu höheren Temperaturen. Die OH-Bildung über die Reaktion $H \cdot + O_2 \longrightarrow OH \cdot + O \cdot$ wird für Temperaturen <1200 K bedingt durch die hohe Aktivierungsenergie langsam und Kettenverzweigungsmechanismen über Hydroperoxyl HO_2 werden relevant. Für Temperaturen im Bereich von 800 K bis 900 K dominieren Radikalkettenreaktionen über Peroxylradikale (RO_2) und Hydroperoxid (ROOH) und es kommt zu einer Zunahme an kraftstoffspezifischen Elementar-

reaktionen. Die Anzahl der beteiligten Reaktionen nimmt dabei mit steigender
Kettenlänge des Alkans zu. [76][104]

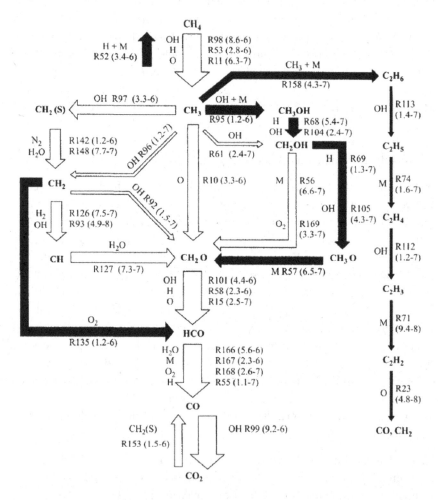

Abbildung 2.4: Niedertemperatur-Reaktionspfaddiagramm für Methan bei
$T = 1345$ K und $p = 1$ atm aus [95]

2.4 Zündprozesse

Gemäß Warnatz [104] wird der zeitabhängige Prozess von einzelnen Reaktanden hin zu einer ausgebildeten und stationären Flamme als Zündung bezeichnet. Der durch die Zündung verursachte Druckanstieg ist dabei in der gleichen Größenordnung wie der Druckabfall über die Brennkammer. Im Gegensatz dazu steht der Begriff der Explosion, bei der der Druck in einem geschlossenen System rapide ansteigt. Dies kann entweder durch eine sehr schnelle Reaktion des Brennstoffs oder durch Umsetzung großer Brennstoffmassenanteile induziert werden. Weitere Phänomene instationärer Zündprozesse sind die Deflagration, eine Flammenausbreitung bedingt durch Transportprozesse und chemische Reaktionen, und die Detonation, bei der die Flammenfortpflanzung durch eine Druckwelle mit hoher Ausbreitungsgeschwindigkeit verursacht wird. [53]

In Abbildung 2.5 sind die Zündgrenzen für Kohlenwasserstoffe schematisch anhand eines Explosionsdiagramms dargestellt. Nur bei bestimmten Druck- und Temperaturrandbedingungen, die durch die drei Zündgrenzen beschrieben sind, kommt es zu einer spontanen (Selbst-)Zündung. Unterhalb der ersten Zündgrenze findet nur eine sehr langsame Reaktion statt, da reaktive Spezies durch die hohe Diffusionsgeschwindigkeiten bei niedrigem Druck schnell an die Brennkammerwand gelangen und dort rekombinieren. Bei Erhöhung des Drucks überwiegt die Radikalbildung in der Gasphase im Vergleich zur verlangsamenden Rekombination und das Brennraumgemisch zündet. Die zweite Zündgrenze lässt sich auf die unterschiedliche Druckabhängigkeit von trimolekularen Kettenabbruchreaktionen und zumeist bimolekularen Kettenverzweigungsreaktionen zurückführen. Je nach Druckniveau wird einer der beiden in Konkurrenz stehenden Reaktionstypen begünstigt und es kommt entweder zu einer Verlangsamung der Bruttoreaktion oder zur Zündung.

Bei höheren Drücken steigt die pro Volumeneinheit erzeugte Wärme, so dass zwangsläufig ein Übergang zur Explosion erfolgen muss. Die dritte Zündgrenze wird deswegen oftmals auch als thermische Zündgrenze bezeichnet. Charakteristisch für höhere Kohlenwasserstoffe ist der Bereich der Mehrstufenzündung und der Bereich der kalten Flammen, in dem die Verbrennung bei sehr niedrigen Temperaturen stattfindet und der im Zusammenhang mit dem

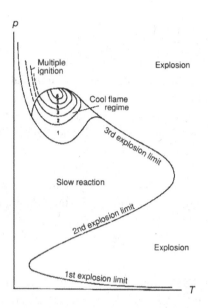

Abbildung 2.5: Schematische Zündgrenzen für Kohlenwasserstoffe [104]

NTC-Verhalten[1] steht. Eine Beschreibung der Phänomene findet sich in [104] und [53].

Während des Zündprozesses von Kohlenwasserstoffen erfolgt der Temperaturanstieg nicht instantan, sondern nach einer gewissen Induktionszeit, die als Zündverzug bezeichnet wird. Dieses Verhalten, das auch bei der Zündung von Wasserstoff auftritt, ist charakteristisch für die zu Grunde liegenden Kettenreaktion. In der Zündverzugszeit finden radikalbildende und kettenverzweigende Reaktionen statt, ohne dass es zu einer messbaren Wärmefreisetzung kommt. Ist die Anzahl an Radikalen groß genug, findet eine schlagartige Zündung statt, die mit einem merklichen Temperaturanstieg verbunden ist. Die Zündverzugszeit ist dabei exponentiell abhängig von der reziproken Temperatur, was durch das Arrhenius Gesetz (siehe Gl. 2.4) beschrieben wird. [104]

---

[1]NTC steht für „negative temperature coefficient" und kennzeichnet den Temperaturbereich der Selbstzündung, indem die Zündverzugszeit mit steigender Temperatur zunimmt.

Je nach Ausprägung und Weiterentwicklung der Selbstzündung und anschließenden Wärmefreisetzung unterscheidet Zeldovich [113], wie in Abbildung 2.6 dargestellt, in drei Ausprägungsmodi:

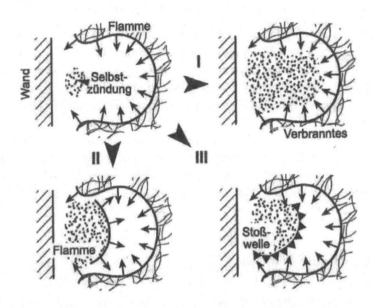

Abbildung 2.6: Darstellung der Selbstzündungsmodi Thermische Explosion (I), Deflagration (II) und Detonation (III) [26]

Die **Deflagration** stellt eine Flammenfrontausbreitung dar, die von einem oder mehreren Selbstzündungszentren ausgeht und der „regulären" Verbrennung ähnelt. Sie geht auf große Temperaturgradienten im Endgas im Bereich von $100 \frac{K}{mm}$ bei eher niedrigem Temperaturniveau zurück und ist gekennzeichnet durch eine moderate Erhöhung der Umsatzrate im Vergleich zu einer nicht klopfenden Verbrennung. Durch die fehlenden Druckgradienten ist die Auftretenswahrscheinlichkeit von Druckwellen und Zylinderdruckschwingungen gering.

Im Gegensatz zur Deflagration führt eine homogene Temperaturverteilung im Endgas mit flachen Gradienten in der Größenordnung von $1 \frac{K}{mm}$ und einem relativ hohen Temperaturniveau zu einer **Thermischen Explosion**. Die Vielzahl an Selbstzündungszentren kommt einer Volumenreaktion gleich und führt zu einer schlagartigen Umsetzung eines großen Endgasmassensanteils, verbunden mit hohen Flammengeschwindigkeiten und der Ausbildung von Druckschwingungen. In Ottomotoren ist die thermische Explosion aufgrund der dafür notwendigen Isothermie des Endgases jedoch eher untypisch.

Wenn sich gasdynamische und chemische Effekte im Endgas gegenseitig verstärken, kann es zu einer **Detonation** kommen. Vorrausetzung dafür sind moderate Temperaturgradienten von rund $10 \; \frac{K}{mm}$ im Endgas und eine niedrige Dichte der Selbstzündungszentren. Durch eine sich ausbreitende Stoßwelle wird das umliegende unverbrannte Gemisch aufgeheizt, was zu einer Kopplung der dadurch fortschreitenden Reaktion mit dem Druckpuls führen kann. Steht ausreichend Zeit und Endgasmasse zur Verfügung, entwickelt sich in Folge eine Detonation mit starken Druckschwingungen, die zu einer Anregung der Brennraumstruktur führen. Die Grenzen zwischen einer Deflagration und einer (sich ausbreitenden) Detonation sind oftmals fließend. [111]

2.5 Motorisches Klopfen

Als motorisches Klopfen wird eine durch ein oder mehrere Selbstzündungen im unverbrannten Gemisch ausgelöste Wärmefreisetzung bezeichnet, die unkontrolliert abläuft und zu hochfrequenten Druckschwingungen im Brennraum führt. Durch die thermische und die durch Anregung der Motorstruktur verbundene mechanische Belastung kann der klopfende Motorbetrieb zu einer Bauteilschädigung führen, weshalb man bei konventionellen Ottomotoren diesen Betriebsbereich meidet, auch wenn dadurch die Erhöhung des thermischen Wirkungsgrades eingeschränkt wird. Findet die Selbstzündung noch vor der regulären Zündung durch die Zündkerze statt, spricht man nicht von Klopfen, sondern von einer Vorentflammung. Eine weitere begriffliche Unterscheidung findet sich in [82] und [3], wo zwischen dem primären Klopfeffekt (Selbstzündung im Endgas) und dem sekundären Klopfeffekt (Druckschwingungen im Brennraum) unterschieden wird.

Das Auftreten und die Ausprägung der Druckschwingungen (siehe Abbildung 2.7) ist abhängig von thermodynamischen Zustandsgrößen im Endgas wie dem

Druck und der Temperatur, aber auch von deren Verteilung. Durch Inhomogenitäten im Endgas sind oftmals mehrere Selbstzündungsherde erhöhter Temperatur (in der Literatur oftmals als „hot spots" oder exotherme Zentren bezeichnet) vornehmlich im Bereich der Flammenfront zu beobachten, die der klopfenden Verbrennung vorangehen [57]. Für die Klopfintensität spielt nach [56] neben Druck und Temperatur insbesondere auch die Größe und Verteilung dieser exothermen Zentren eine große Rolle, während die zum Zeitpunkt der Selbstzündung für die Wärmefreisetzung zur Verfügung stehende unverbrannte Masse gemäß [56] und [11] keinen direkten Einfluss hat.

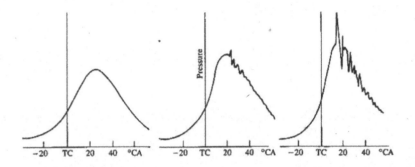

Abbildung 2.7: Druckverläufe einer regulären und klopfenden Verbrennung mit Druckschwingungen unterschiedlicher Ausprägung [47]

Sind die Reaktionsraten in den Selbstzündungszentren groß genug, kann kein Druckausgleich in benachbarte Volumina erfolgen und die entstehenden Druckwellen führen zu weiteren Selbstzündungen, wodurch sich eine fortlaufende Detonation entwickeln kann [80]. Durch Reflektion solcher Druckwellen an der Zylinderwand kommt es zu den klopftypischen Druckschwingungen und dem charakteristischen Betriebsgeräusch.

3 Modellierung der Erdgasverbrennung

Grundlage für die Vorhersage der Klopfgrenze ist die Kenntnis der Temperatur- und Druckrandbedingungen, die den Zustand des Endgases während eines Arbeitsspiels charakterisieren. Ein Klopfmodellierungsansatz setzt somit ein funktionierendes Verbrennungsmodell, das den Einfluss unterschiedlicher Kraftstoffzusammensetzungen auf Flammenfrontausbreitung und Brenngeschwindigkeit berücksichtigt, voraus. Da sich die meisten gängigen ottomotorischen Brennverlaufsmodelle auf Benzinkraftstoffe beziehen, muss bei Verwendung solcher Modelle geprüft werden, ob sie sich auch für Erdgas anwenden lassen und welche Anpassungen gegebenenfalls notwendig sind.

3.1 Stand der Technik

Zur Beschreibung der ottomotorischen Verbrennung existieren eine Vielzahl verschiedener Modelle, die sich primär in ihrem Detaillierungsgrad unterscheiden und gemäß [32] in drei Gruppen aufteilen lassen:

1. **Empirische Modelle** stützen sich auf die mathematische Approximation der realen Verbrennung durch Formulierung eines Ersatzbrennverlaufs. Die Funktionsparameter werden anhand eines Betriebspunktes abgestimmt. Durch fehlende physikalische Zusammenhänge ist die Übertragung auf andere Betriebsbereiche problematisch. Ein bekannter empirischer Modellansatz ist der sog. Vibe-Ersatzbrennverlauf [101].

2. **Phänomenologische Modelle** versuchen die physikalischen (und chemischen) Zusammenhänge der motorischen Verbrennung mithilfe einfacher Gleichungen abzubilden. Diese Modellklasse ist vorhersagefähig und damit in der Lage auch auf abweichende Randbedingungen und Betriebspunkte zu reagieren, weshalb sie in der Motoren- und Brennverfahrensentwicklung zum Einsatz kommt. Typische Vertreter phänomenologischer Verbrennungsmodelle, die trotz hoher Ergebnisqualität eine geringe Rechenzeit auf-

© Der/die Autor(en), exklusiv lizenziert durch
Springer Fachmedien Wiesbaden GmbH, ein Teil von Springer Nature 2021
L. Urban, *Modellierung der klopfenden Verbrennung methanbasierter Kraftstoffe*, Wissenschaftliche Reihe Fahrzeugtechnik Universität Stuttgart,
https://doi.org/10.1007/978-3-658-32918-1_3

weisen, sind in [32], [35], [87] und [4] beschrieben. Das in dieser Arbeit verwendete quasidimensionale Entrainmentmodell (siehe Kapitel 3.3) ist dieser Modellklasse zuzuordnen.

3. **3D-CFD-Modelle** diskretisieren den Brennraum in eine große Zahl einzelner Zellen, deren Zustandsgrößen mithilfe der Erhaltungsgleichungen berechnet werden. Durch ihren hohen Detaillierungsgrad besitzen diese Modelle den Nachteil eines großen Rechenzeitaufwands und kommen daher in der Motorkonzeptauslegung eher selten zum Einsatz [54].

Der Großteil der Modelle aus der Literatur wurde für Flüssigkraftstoffe wie Benzin entwickelt und validiert. Für gasförmige Kraftstoffe existieren daher deutlich weniger Ansätze, die zumeist auf einer Anpassung bestehender Modelle und Modellparameter beruhen. In den Arbeiten von [13], [114] und [65] wurde der Vibe-Ansatz verwendet und die entsprechenden Parameter für den Propan- bzw. Erdgasbetrieb abgestimmt. In [90] wurde die Vibe-Funktion um einen Einschritt-Mechanismus zur Beschreibung der Entflammungsphase erweitert.

Bei phänomenologischen Modellen wird der Kraftstoffeinfluss primär über die laminare Flammengeschwindigkeit abgebildet. Die Formulierungen werden zumeist auf Basis experimenteller Untersuchungen in Verbrennungskammern entwickelt. In [62] wurde die laminare Flammengeschwindigkeit von Erdgasen und der Einfluss unterschiedlicher Inertgaszumischungen untersucht. In [110] und [37] wurden Messungen und Reaktionskinetikrechungen mit dem GRI3-Mech bzw. GRI-Mech verwendet, um die laminare Flammengeschwindigkeit von Methan in einem weitem Temperatur- und Druckbereich zu bestimmen und zu validieren. In [65] ist ein phänomenologischer Ansatz beschrieben, bei dem die Flammengeschwindigkeit aus [110] um einen Restgaseinfluss erweitert wurde. Eine detaillierte Übersicht bestehender Modelle zur Beschreibung der Erdgasverbrennung findet sich ebenfalls in [65].

Der in dieser Arbeit verwendete Ansatz für die Berechnung der laminaren Flammengeschwindigkeit entstand im Rahmen der Masterarbeit von [38] und ist in [39], [40] und [97] beschrieben. Er ist abgeleitet von [23] und basiert auf einer Vielzahl reaktionskinetischer Rechnungen mit unterschiedlichen Erdgaszusammensetzungen. Neben dem Einfluss einzelner Kraftstoffkomponenten wurden weitere Effekte bei Variation von Temperatur, Druck und Luft-

Kraftstoff-Verhältnis untersucht und abgebildet. Eine nähere Beschreibung findet sich in Kapitel 3.4.

3.2 Thermodynamische Grundlagen der Arbeitsprozessrechnung

Die Arbeitsprozessrechnung beinhaltet die thermodynamische Modellierung der motorischen Verbrennung innerhalb des Systems Brennraum. Ein thermodynamisches System ist durch eine definierte Systemgrenze von der Umgebung abgegrenzt und lässt sich durch Zustandsgrößen wie Druck und Temperatur charakterisieren. Betrachtet man den Hochdruckteil eines Arbeitsspiels und vernachlässigt Leckageeffekte, so gibt es keine Massenströme über die Systemgrenzen hinweg, weshalb der Brennraum ein geschlossenes System im thermodynamischen Sinne darstellt. Weiterhin lässt sich ein System in verschiedene Zonen mit unterschiedlichen Temperaturen und Gaszusammensetzungen unterteilen. Bei der nulldimensionalen Modellierung wird vereinfachend angenommen, dass an allen Orten innerhalb des Systems ein einheitliches Druckniveau vorliegt.

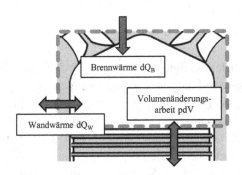

Abbildung 3.1: System Brennraum

Grundlage für die Zustandsbeschreibung des Systems, das schematisch in Abbildung 3.1 dargestellt ist, bilden die nachfolgenden drei Gleichungen der Energie- und Massenerhaltung (Gl. 3.1 und Gl. 3.2) und die thermische Zustandsgleichung idealer Gase (Gl. 3.3). Per Definition wird ein in das System eindringender Massen-, Enthalpie- oder Wärmestrom mit einem positiven Vorzeichen beschrieben, während ein negatives Vorzeichen einen das System verlassenden Strom beschreibt.

Mit den zuvor getroffenen Annahmen wie die Vernachlässigung der Leckage-, Einlass- und Auslassventilmassenströme ($dm_L, dm_E, dm_A = 0$), lassen sich die Gleichungen weiter vereinfachen. Im speziellen Fall der vorgemischten Erdgasverbrennung mit Saugrohreinblasung kann zudem der Zylinder-Kraftstoffmassenstrom $dm_K = 0$ vernachlässigt werden.

$$\frac{dQ_B}{d\phi} + \frac{dQ_W}{d\phi} + h_A \cdot \frac{dm_A}{d\phi} + h_E \cdot \frac{dm_E}{d\phi} + p \cdot \frac{dV}{d\phi} + h_A \cdot \frac{dm_L}{d\phi} = \frac{dU}{d\phi} \qquad \text{Gl. 3.1}$$

$$\frac{dm_{Zyl}}{d\phi} = \frac{dm_E}{d\phi} + \frac{dm_A}{d\phi} + \frac{dm_L}{d\phi} + \frac{dm_K}{d\phi} \qquad \text{Gl. 3.2}$$

$$p_{Zyl} \cdot \frac{dV}{d\phi} + V \cdot \frac{dp_{Zyl}}{d\phi} = m_{Zyl} \cdot R \cdot \frac{dT_{Zyl}}{d\phi} + m_{Zyl} \cdot T_{Zyl} \cdot \frac{dR}{d\phi} + R \cdot T_{Zyl} \cdot \frac{dm_{Zyl}}{d\phi}$$

$$\text{Gl. 3.3}$$

Auf die Lösung der Differentialgleichungen und die Berechnung der Kalorik und Wandwärmeverluste soll hier nicht weiter eingegangen werden. Für deren Beschreibung sei auf [36], [32] und [2] verwiesen. Der Brennverlauf ergibt sich aus dem Brennstoffmassenumsatz und dem unteren Heizwert des Kraftstoffs. Er wurde in dieser Arbeit mithilfe eines Entrainmentmodells, das in Kapitel 3.3 beschrieben ist, berechnet. Die für die Berechnung des Druckverlaufs bzw. der Volumenänderungsarbeit benötigten Stoffeigenschaften variieren in Abhängigkeit der Erdgaszusammensetzung und können mit den im FKFS UserCylinder enthaltenen Modellierungsansätzen [27] bestimmt werden.

3.3 Quasidimensionales Entrainmentmodell

Das in dieser Arbeit verwendete phänomenologische Verbrennungsmodell zählt zu den Entrainmentmodellen, wie sie in [5], [92], [35], [33] und [34] beschrieben sind. Modelle dieser Klasse sind in der Lage den Einfluss verschiedener Randbedingungen, wie Drehzahl oder Gaszusammensetzung, vorherzusagen. Das Entrainmentmodell basiert auf der Annahme einer halbkugelförmigen Flammenausbreitung, die an der Zündkerze beginnt. Wie in Abbildung 3.2 schematisch dargestellt, wird der Brennraum in eine unverbrannte und in eine verbrannte Zone, die durch die Flammenfront getrennt sind, aufgeteilt. Die Flammenfront wird als infinitesimal klein angenommen und stellt keine thermodynamische Zone dar.

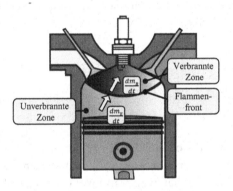

Abbildung 3.2: Entrainment Modell

Gemäß [32] ergibt sich der Brennstoffmassenumsatz $dm_B = \frac{dQ_B}{H_u}$ aus Gl. 3.4. Er ist abhängig von der in der Flammenfront enthaltenen Masse m_F und der charakteristischen Brenndauer τ_L, die per Definition die Zeit beschreibt, die benötigt wird um einen Gemischballen der Größenordnung l_T vollständig umzusetzen (siehe Gl. 3.5). Die sog. Taylorlänge ist gemäß Gl. 3.6 wiederum abhängig von der kinematischen Viskosität ν_{turb}, der turbulenten Schwankungsgeschwindigkeit u_{turb}, dem integralen Längemaß l und dem Vorfaktor χ_T. Eine genaue Beschreibung der einzelnen Größen findet sich in [32], [47] und [104].

$$\frac{dm_V}{dt} = -\frac{dm_{uv}}{dt} = \frac{dQ_B}{d\phi} \cdot \frac{1}{H_u} \cdot \frac{d\phi}{dt} = \frac{m_F}{\tau_L} \qquad \text{Gl. 3.4}$$

$$\tau_L = \frac{l_T}{s_L} \qquad \text{Gl. 3.5}$$

$$l_T = \sqrt{\chi_T \cdot \frac{v_{turb} \cdot l}{u_{turb}}} \qquad \text{Gl. 3.6}$$

Die Masse der Flammenzone m_F ergibt sich durch den Entrainmentmassen-strom $\frac{dm_E}{dt}$, der durch Eindringgeschwindigkeit u_E, die Dichte des unverbrann-ten Gemisches ρ_{uv} und durch die Flammenoberfläche A_F charakterisiert wird (siehe Gl. 3.7 und Gl. 3.8).

$$\frac{dm_E}{dt} = \rho_{uv} \cdot A_F \cdot u_E \qquad \text{Gl. 3.7}$$

$$u_E = u_{turb} + s_L \qquad \text{Gl. 3.8}$$

Durch Gl. 3.8 stützt man sich auf die Vorstellung, dass sich turbulente Vor-mischflammen aus laminaren Flamelets (dt. „Flämmchen") zusammensetzen, die sich in der zerklüfteten Flammenfront lokal betrachtet mit der Geschwin-digkeit s_L fortpflanzen. Die Flammenfrontgeschwindigkeit ergibt sich in Folge durch Addition der laminaren Flammengeschwindigkeit mit der turbulenten Schwankungsgeschwindigkeit.

3.4 Die laminare Flammengeschwindigkeit

Bekannte Formulierungen für die laminare Flammengeschwindigkeit wie die nach Heywood [47] oder Gülder [29] sind empirische Korrelationen, die aus Messungen der laminaren Flammengeschwindigkeit abgeleitet wurden. Da die experimentelle Bestimmung der laminaren Flammengeschwindigkeit insbesondere bei hohen Drücken fehlerbehaftet ist, stellt sich die Übertragung dieser Ansätze auf den Motorprozess als problematisch dar.

Im Rahmen dieser Arbeit wurde die laminare Flammengeschwindigkeit für methanbasierte Binärgase unterschiedlicher Zusammensetzung mit dem Reaktionskinetiktool Cantera [30] untersucht und ein in [23] beschriebener Berechnungsansatz so angepasst, dass sich die Ergebnisse bestmöglichst abbilden ließen. Die nachfolgend beschriebene Modellierung in Cantera, die Vorstellung der Ergebnisse und deren Diskussion sind Bestandteil der Veröffentlichungen [39], [40], [38] und [97].

3.4.1 Modellierung in Cantera

Laminare und flache Vormischflammen lassen sich in Cantera mit dem Free-Flame Objekt modellieren. Während die chemischen Prozesse in der Flamme durch den hinterlegten Reaktionsmechanismus abgebildet werden können, dienen die Erhaltungsgleichungen für Masse, Spezies und Enthalpie zur mathematischen Beschreibung der reaktiven Strömung. Für den eindimensionalen Fall lässt sich die Kontinuitätsgleichung in allgemeiner Form gemäß [104] wie in Gl. 3.9 beschreiben.

$$\frac{\delta W}{\delta t} + \frac{\delta J}{\delta z} = Q \qquad \text{Gl. 3.9}$$

Dabei steht W für die Dichte, J für die Stromdichte und Q für die Quelle der Erhaltungsgröße. Daraus abgeleitet ergibt sich die Erhaltungsgleichung Gl. 3.10 für die Gesamtmasse des Systems. [104]

$$\frac{\delta \rho}{\delta t} + \frac{\delta (\rho v)}{\delta z} = 0 \qquad \text{Gl. 3.10}$$

Da die Gesamtmasse konstant bleibt, nimmt der Quellterm den Wert 0 an. Die Massenstromdichte J wird über die Strömungsgeschwindigkeit v und über die Massendichte ρ charakterisiert. Für den Erhaltungssatz der Speziesmasse muss hingegen der Quellterm bzw. die Bildungsgeschwindigkeit $r_i = M_i \frac{\delta c_i}{\delta t}_{chem}$

berücksichtigt werden, da es aufgrund der ablaufenden chemischen Reaktionen zur Neubildung oder zum Verbrauch bestimmter Spezies kommen kann.
Dabei stehen M_i und $\frac{\delta c_i}{\delta t}_{chem}$ für die Molare Masse und die molare Reaktionsgeschwindigkeit der Spezies i. Die vereinfachte Form der Erhaltungsgleichung
der Speziesmasse Gl. 3.11 ergibt sich nach partieller Differentiation und durch
Umstellung, wie [104] entnommen werden kann. Dabei bezeichnet w_i den spe-
ziesbezogenen Massenbruch, während j_i die Diffusionsstromdichte des Stoffes
i bezeichnet.

$$\rho \frac{\delta w_i}{\delta t} + \rho v \frac{\delta w_i}{\delta z} + \frac{\delta j_i}{\delta z} = r_i \qquad \text{Gl. 3.11}$$

Die Erhaltungsgleichung der Gesamtenthalpie sagt aus, dass Energie weder
vernichtet noch erzeugt werden kann, was wiederum zu einem Quellterm $Q = 0$
führt. Die Dichte der Erhaltungsgröße $W = \sum_j \rho_j \cdot h_j$ berechnet sich aus der
Summe der spezifischen Enthalpien der Spezies j, während in die Stromdichte
$J = \sum_j \rho_j \cdot v_j \cdot h_j$ u.a. der Term j_q, der die Wärmeleitung beschreibt, eingeht.
Die detaillierte Herleitung der Erhaltungsgleichung für die Enthalpie des Gemisches ist in [104] beschrieben. In Gl. 3.12 ist die Gleichung in zusammen-
gefasster Form dargestellt.

$$\rho v \sum_j w_j \frac{\delta h_j}{\delta z} + \rho \sum_j w_j \frac{\delta h_j}{\delta t} + \sum_j h_j r_j + \sum_j j_j \frac{\delta h_j}{\delta z} + \frac{\delta j_q}{\delta z} = 0 \qquad \text{Gl. 3.12}$$

Zur vollständigen Beschreibung der Flamme müssen Temperatur, Druck, Strömungsgeschwindigkeit und die partiellen Dichten als Funktion der Ortsvaria-
ble z bestimmt sein. Dafür wird angenommen, dass das ideale Gasgesetz Gül-
tigkeit besitzt und der Druck konstant dem Umgebungsdruck entspricht. Die
Umformung und Weiterentwicklung der Erhaltungsgleichungen führt dann
nach [104] auf ein Differentialgleichungssystem, mit dem die Problemstellung
vollständig erfasst ist. In Cantera werden die partiellen Differentialgleichungen
mit dem Newton-Verfahren numerisch gelöst.

3.4.2 Geeignete Reaktionsmechanismen

Zur Auswahl eines geeigneten Reaktionsmechanismus wurden die Ergebnisse aus Cantera mit experimentell bestimmten Flammengeschwindigkeiten aus der Literatur verglichen. Für die Messung stehen unterschiedliche Verfahren zur Verfügung. Die Schwierigkeit besteht hauptsächlich darin, eine eindimensionale und flache Flamme zu erzeugen, da eine Krümmung das Messergebnis verfälschen würde.

Ein Messverfahren ist die sog. Bunsenbrennermethode (siehe Abbildung 3.3), bei der die Flammengeschwindigkeit über den Kegelwinkel der ausgebildeten Flamme und die Ausströmgeschwindigkeit des unverbrannten Brennstoff/Luft-Gemisches berechnet wird. Die Bestimmung des Kegelwinkels erfolgt zumeist über optische Messmethoden und erfordert eine hohe Genauigkeit. [45]

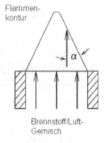 

Abbildung 3.3: Experimentelle Bestimmung der laminaren Brenngeschwindigkeit mit der Düsenmethode [19]

Neben dem Bunsenbrennerverfahren lässt sich die laminare Flammengeschwindigkeit auch in einer Verbrennungsbombe messen. Es handelt sich hierbei um einen mit Gas gefüllten Behälter, in dessen Mitte sich eine Zündanlage befindet. An der Zündquelle startend, breitet sich die Flamme kugelförmig in das umliegende Volumen aus. Durch eine Druckmessung oder mithilfe optischer Messverfahren kann die Flammenausbreitung bestimmt werden. Durch die kugelförmige Flamme muss jedoch eine Korrektur vorgenommen werden, indem die Ausbreitungsgeschwindigkeit in Abhängigkeit der jeweiligen Krümmung extrapoliert wird. Problematisch ist, dass es aufgrund unterschiedlicher Extrapolationsmethoden zu Abweichungen kommen kann. Außerdem erschwert

die durch hydrodynamische Instabilitäten bedingte Zellularität der Flammenoberfläche (siehe Abbildung 3.4) die korrekte Bestimmung von Flammenkrüm-
mung und Ausbreitungsgeschwindigkeit. [51] [59]

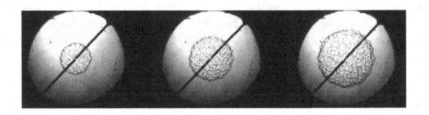

Abbildung 3.4: Schlierenaufnahme der Flammenfront einer Wasserstoff-
Flamme [45]

Ein bekanntes Messverfahren ist die sog. „Heat Flux Method". In einer Kammer wird dabei das Brenngas konditioniert, durch eine Platte geleitet und anschließend verbrannt. Die Platte befindet sich oberhalb der Kammer und ist
perforiert, wodurch sich eine flache Flamme ausbilden kann. Typischerweise
wird die Platte auf eine Temperatur von ca. 60 K oberhalb der Temperatur des
unverbrannten Gasgemisches gebracht. Durch die Temperaturdifferenz bildet
sich ein Wärmestrom von der Platte in Richtung des unverbrannten Gasstroms
aus. Umgekehrt gibt es einen Wärmestrom von der heißen Flamme in Richtung der beheizten Platte. Wird die Strömungsgeschwindigkeit des Gases so
gewählt, dass sie der laminaren Flammengeschwindigkeit entspricht, gleichen
sich beide Wärmeströme aus und das gemessene Temperaturprofil der Platte
verläuft flach. Man spricht deshalb auch von einer laminaren adiabaten Flammengeschwindigkeit. Die Stabilisierung der Flamme ist problematisch und der
adiabate Zustand schwierig einzustellen, insbesondere bei Abweichung von
den Standardbedingungen. [18] [38] [45]

Durch die Messverfahren existieren prinzipbedingt nur wenig Messdaten für
hohe Drücke, die zudem eine relativ große Messstreuung aufweisen. Für motorische Randbedingungen mit Drücken von 150 bar und mehr muss daher darauf vertraut werden, dass die verwendeten Reaktionsmechanismen die Druckabhängigkeit richtig abbilden und auch außerhalb ihres Validierungsbereiches
belastbare Ergebnisse liefern.

Für die Berechnung von Flammengeschwindigkeiten ist die Hochtemperatur-kinetik der Kohlenwasserstoffoxidation entscheidend, weshalb der für die Modellierung der Selbstzündung verwendete Natural Gas III Mechanismus (vgl. Kapitel 4.2.2) ausscheidet, da er explizit für die Abbildung der Niedertemperaturkinetik entwickelt wurde. Da eine genaue Bestimmung der laminaren Flammengeschwindigkeit für alle Zumischkomponenten Ethan, Propan, Butan und Wasserstoff mit einem einzelnen Reaktionsmechanismus nicht möglich war, wurde je nach Sekundärgaskomponente der Mechanismus ausgewählt, mit dem sich die beste Übereinstimmung mit den Messdaten erzielen ließ. Die verwendeten Mechanismen sind in Tabelle 3.1 dargestellt und werden nachfolgend vorgestellt.

Tabelle 3.1: Verwendete Reaktionsmechanismen

Name	Quelle	Spezies	Reaktionen
GRI-Mech 3.0	[89]	53	325
USC C1-C3	[78]	70	463
USC C1-C4	[103]	111	784
LLNL H2[1]	[71]	10	23

GRI-Mech 3.0
Ein aus der Literatur bekannter Reaktionsmechanismus für die Berechnung der Methanverbrennung ist der GRI-Mech 3.0, der durch Zusammenarbeit mehrerer amerikanischer Forschungseinrichtungen entstand. Er umfasst 53 Spezies und 325 Elementarreaktionen und beinhaltet einen rudimentären Propan-Submechanismus, weswegen er für die Erdgasverbrennung prinzipiell geeignet wäre. Die Validierung anhand experimentell bestimmter Flammengeschwindigkeiten hat jedoch gezeigt, dass die Abbildung von höheren Propan-Anteilen fehlerbehaftet ist und sich modernere Mechanismen mit einer detaillierten Propan-Kinetik besser dafür eignen. Darüber hinaus fehlt im GRI-Mech 3.0 die Butan-Oxidation, weswegen für die Berechnung von Butan-Flammen andere Reaktionsmechanismen verwendet werden müssen. Die Optimierung der

---

[1]Der LLNL H2-Mechanismus kann keine Kohlenwasserstoffe abbilden und wurde daher ausschließlich für die Validierung der anderen Reaktionsmechanismen für Wasserstoff verwendet.

Geschwindigkeitskoeffizienten wurde im GRI-Mech 3.0 anhand verschiedener Messdaten im Bereich von rund 1000 K bis 2500 K und bei Drücken bis hin zu 10 atm durchgeführt. Für weitere Informationen über die zu Grunde liegende Messdatenbasis und den Aufbau des Mechanismus sei auf [89] verwiesen.

Aufgrund der guten Übereinstimmung mit Messdaten aus der Literatur und der kurzen Rechenzeit wurde der GRI-Mech 3.0 für die Flammengeschwindigkeitsberechnungen der Komponenten Ethan und Wasserstoff verwendet. In Abbildung 3.5 sind die Cantera-Rechenergebnisse der drei ausgewählten Reaktionsmechanismen aus Tabelle 3.1 zusammen mit Messwerten aus der Literatur [18] [98] [52] dargestellt.

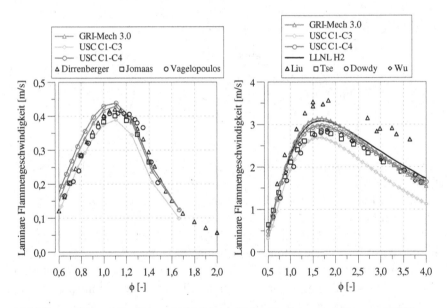

Abbildung 3.5: s_L für Ethan (Abbildung links, Rechenergebnisse aus [38], Messdaten aus [18], [52] und [98]) und Wasserstoff (Abbildung rechts, Rechenergebnisse aus [38], Messdaten aus [21], [63], [94] und [112]), $T = 298$ K, $p = 1$ bar

Auf der linken Seite sind die Flammengeschwindigkeiten für Ethan-Luft-Gemische mit unterschiedlichem Äquivalenzverhältnis für $T = 298$ K und $p =$

1 bar abgebildet. Während die Streuung der Messdaten gering ist, zeigen sich je nach Reaktionsmechanismus Unterschiede in den Rechenergebnissen. Der USC C1-C3 unterschätzt im Luftmangelbereich $\phi > 1$ die laminare Flammengeschwindigkeit, wohingegen im Bereich $\phi < 1$ der USC C1-C4 deutlich abweicht und die Messergebnisse überschätzt. Für den GRI-Mech 3.0 zeigt sich im mageren Bereich zwar ebenfalls eine kleine Abweichung, im Bereich $\phi > 1$ bildet er die Messdaten jedoch sehr gut ab.

Auf der rechten Seite der Abbildung 3.5 sind die laminaren Flammengeschwindigkeiten für Wasserstoff-Luft-Gemische abgebildet. Die Messdaten aus [21], [63], [94] und [112], die [45] entnommen wurden, zeigen insbesondere im Luftmangelbereich eine große Streuung. Während der GRI-Mech 3.0 und der USC C1-C4 noch innerhalb des Streubands liegen, unterschätzt der USC C1-C3 die Flammengeschwindigkeiten im Bereich $\phi > 1$ deutlich und ist daher für die Wasserstoffverbrennung ungeeignet. Im Vergleich mit dem für Wasserstoff optimierten LLNL H2-Mechanismus, zeigt der GRI 3.0 eine etwas bessere Übereinstimmung als der USC C1-C4 und wurde daher als Vorzugsmechanismus für Methan-Wasserstoff-Gemische ausgewählt.

USC C1-C3 Mech
Der USC C1-C3-Mechanismus wurde an der University of Texas at Austin in Zusammenarbeit mit weiteren Forschungseinrichtungen entwickelt. Die Idee bei der Entwicklung war, einen bestehenden Mechanismus für kurzkettige Kohlenwasserstoffe um die C3-Oxidation zu erweitern. Weitergehende Informationen über die Optimierung der Geschwindigkeitskoeffizienten und den Validierungsbereich finden sich in [78].

In Abbildung 3.6 sind Messergebnisse für Propan-Luft-Gemische aus [18], [52] und [98] den Cantera-Rechenergebnissen gegenübergestellt. Die Ergebnisse beziehen sich auf 298 K und einen Druck von 1 bar. Während die Streuung der Messwerte gering ist, weichen die Ergebnisse für die betrachteten Reaktionsmechanismen ab. Der GRI-Mech 3.0 ist aufgrund des rudimentären Propan-Submechanismus nicht in der Lage die Propan-Verbrennung abzubilden und überschätzt die Messwerte deutlich. Im Vergleich der beiden USC-Mechanismen schneidet der USC C1-C3 besser ab, was vor dem Hintergrund der jeweiligen Optimierungsziele durchaus zu erwarten war. Eine detaillierte-

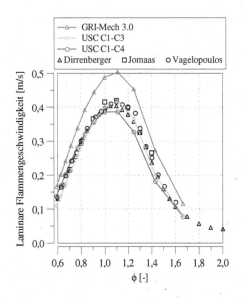

Abbildung 3.6: s_L für Propan (Rechenergebnisse aus [38], Messdaten aus [18], [52] und [98]), $T = 298$ K, $p = 1$ bar

re Untersuchung der einzelnen Mechanismen für die Propanvebrennung findet sich in [38].

USC C1-C4 Mech

Unter den ausgewählten Vorzugsmechanismen ist der USC C1-C4-Mechanismus der einzige, der mit einem Butan-Submechanismus ausgestattet ist. Dadurch ist er in der Lage die Butanverbrennung abzubilden. In der Literatur existieren noch komplexere Mechanismen für >C4-Kohlenwasserstoffe, allerdings wurde der USC C1-C4 speziell auf Butan abgestimmt und bietet zusätzlich den Vorteil einer moderaten Rechenzeit,im Vergleich zu umfangreicheren Mechanismen. Er wurde durch Zusammenführen mehrerer Mechanismen entwickelt und ist in [103] detailliert beschrieben. Bei der Gegenüberstellung der Rechenergebnisse mit Messungen aus [18] und [14] in Abbildung 3.7 zeigt sich eine gute Übereinstimmung.

Dadurch, dass aufgrund der jeweiligen Eignung verschiedene Reaktionsmechanismen für die einzelnen Zumischkomponenten verwendet wurden, ist ei-

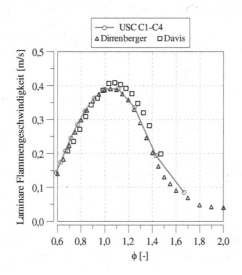

Abbildung 3.7: s_L für n-Butan (Rechenergebnisse aus [38], Messdaten aus [18] und [14], $T = 298$ K, $p = 1$ bar

ne absolute Betrachtung nicht zielführend und die Ergebnisse müssen auf eine Referenz bezogen werden. In Abbildung 3.8 sind die laminaren Flammengeschwindigkeiten der ausgewählten Mechanismen für reines Methan dargestellt. Aufgrund der unterschiedlichen Optimierungsziele bei der Kalibrierung der Geschwindigkeitskoeffizienten kommt es zu Abweichungen. Im Vergleich zu den Messdaten aus [19] weicht insbesondere die Kurve für den USC C1-C3 geringfügig ab.

Für die Entwicklung des Berechnungsansatzes in Kapitel 3.4.5 wurden die Cantera-Rechenergebnisse für die jeweiligen Zumischungen stets in Relation zu den Berechnungen für reines Methan bei identischen Randbedingungen und mit demselben Reaktionsmechanismsus betrachtet. Nur dadurch war es möglich unterschiedliche Vorzugsmechanismen für die Untersuchung des Kraftstoffeinflusses zu verwenden.

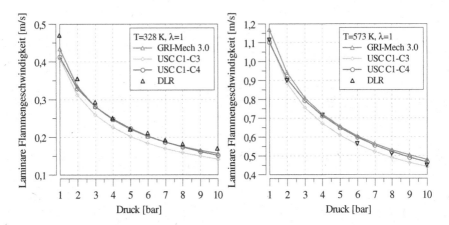

Abbildung 3.8: Vergleich ausgewählter Reaktionsmechanismen, Rechenergebnisse aus [38]

3.4.3 Druck-, Temperatur- und Kraftstoffeinfluss

Auf den nachfolgenden Abbildungen 3.9, 3.10, 3.11 und 3.12 sind die Ergebnisse der Cantera-Berechnungen für Ethan-/Propan-/Butan- und Wasserstoffzumischungen von 0 bis 30 mol% dargestellt. Für alle Kraftstoffkomponenten gilt, dass sich laminare Flammengeschwindigkeit mit steigender Zumischung und Temperatur und mit sinkendem Druck (siehe auch Abbildung 3.8) erhöht. Bei Variation des Luft-Kraftstoff-Verhältnisses liegt das Maximum der laminaren Flammengeschwindigkeit zudem stets im leicht fetten Bereich von $0,9 < \lambda < 1$.

Die starke Temperaturabhängigkeit der laminaren Flammengeschwindigkeit lässt sich auf den exponentiellen Einfluss der Temperatur auf die Geschwindigkeitskonstanten wichtiger Kettenverzweigungsmechanismen zurückführen. Beispielsweise nimmt die Hydroxylradikalbildung durch die Reaktion H + $O_2 \longleftrightarrow O$ + OH erheblich zu, da die Geschwindigkeitskonstante in Vorwärtsrichtung eine starke Temperaturabhängigkeit aufweist. Die entstehenden Radikale dieser kettenverzweigenden Reaktion sind sehr reaktiv und führen durch weitere Reaktionen zu einer schnelleren Zersetzung des Kraftstoffs und in Folge dessen zu einer Beschleunigung der Verbrennung. Zusätzlich werden durch eine Temperaturerhöhung wichtige Kettenabbruchreaktionen wie die Methan-Rekombination über $CH_3 + H + M \longleftrightarrow CH_4 + M$ abgeschwächt.

Der Druckeinfluss auf die laminare Flammengeschwindigkeit (siehe Abbildung 3.8) und allg. die Methan-Oxidation, lässt sich ebenfalls mit dem Verhalten der obigen Rekombinationsreaktion erklären. Der Geschwindigkeitskoeffizient in Vorwärtsrichtung ist sowohl temperatur- als auch druckabhängig, wodurch mit zunehmenden Druck die Rekombination begünstigt und der Oxidationsprozess dadurch wieder zurückgesetzt wird. Die Reaktion folgt dem Prinzip von Le Chatelier, wonach das chemische System auf äußeren „Zwang" durch Druckerhöhung mit einer Förderung der stoffmengen- und damit volumenverkleinernden Reaktion reagiert. Eine ausführlichere Beschreibung des Druck- und Temperatureinflusses auf die Kohlenwasserstoff-Oxidation kann [38] entnommen werden.

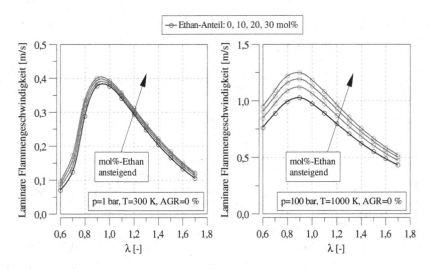

Abbildung 3.9: Ethaneinfluss auf die lam. Flammengeschwindigkeit, Rechenergebnisse aus [38]

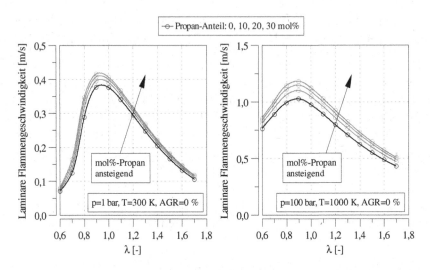

Abbildung 3.10: Propaneinfluss auf die lam. Flammengeschwindigkeit, Rechenergebnisse aus [38]

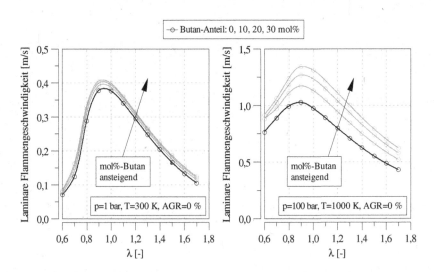

Abbildung 3.11: Butaneinfluss auf die lam. Flammengeschwindigkeit, Rechenergebnisse aus [38]

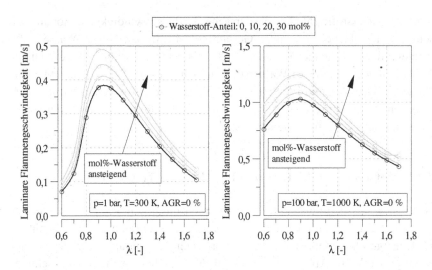

Abbildung 3.12: Wasserstoffeinfluss auf die lam. Flammengeschwindigkeit, Rechenergebnisse aus [38]

Vergleicht man den Einfluss der zugemischten Kohlenwasserstoffe, so sind die Unterschiede für 1 bar und 300 K gering. Bei gleichem Molanteil der Sekundärgaskomponente erhöht sich die laminare Flammengeschwindigkeit für Propan-Zumischungen im Vergleich zu reinem Methan am stärksten, während der Effekt für Ethan- und Butan-Zumischungen nahezu identisch ist. Betrachtet man die Ergebnisse für 100 bar und für 1000 K lässt sich jedoch ein unterschiedliches Verhalten feststellen. Ethan- und Butan-Zumischungen führen hier zu einer deutlichen Erhöhung, während sich die Geschwindigkeit bei gleicher Zumischung an Propan nur moderat erhöht. Der Kurvenverlauf über λ ist für alle Gemischzusammensetzungen ähnlich und es gibt keinen sichtbaren Unterschied im Vergleich zu reinem Methan.

Wasserstoff nimmt im Vergleich zu den Kohlenwasserstoffen eine besondere Rolle ein und verhält sich schon bei geringen Drücken und Temperaturen als stark reaktionsbeschleunigend, was zu einer merklichen Erhöhung der laminaren Flammengeschwindgkeit führt. Untersuchungen in [38] zeigen, dass die Sensitivität der relevanten Elementarreaktionen durch eine Wasserstoffbeimischung nur gering beeinflusst wird. Stattdessen scheint die erhöhte Konzentration an Wasserstoffradikalen die Ursache der Geschwindigkeitserhöhung zu sein. Zwar sinkt bei konstanter Gesamtmolzahl die Anzahl an Wasserstoffatomen mit zunehmender Wasserstoff-Beimischung, allerdings ist die Radikalbildung über molekularen Wasserstoff einfacher als über das stabile Methan-Molekül. Bei 300 K und 1 bar ist der beschleunigende Effekt einer Wasserstoff-Zumischung relativ gesehen stärker als bei höheren Tempeaturen und Drücken, wie Abbildung 3.12 zu entnehmen ist.

3.4.4 Einfluss von AGR-Rate und Luft-Kraftstoff-Verhältnis

Neben der Kraftstoffzusammensetzung spielt die gesamte Gaszusammensetzung und der Einfluss verschiedener Verdünnungseffekte auf die laminare Flammengeschwindigkeit für den motorischen Anwendungsbereich eine gewichtige Rolle. In Abbildung 3.13 sind die berechneten Flammengeschwindigkeiten von Methan für unterschiedliche Temperaturen dargestellt. Neben der Temperatur wurde auch das Luft-Kraftstoff-Verhältnis und der Restgasgehalt variiert. Die x-Achse ist so skaliert, dass sich die zwei Verdünnungsmethoden vergleichen lassen. Eine Gemischabmagerung auf $\lambda = 2$ entspricht ungefähr der Verdünnung durch Restgas bei einer AGR-Rate von 50 %. Für die Modellierung des Restgaseinflusses in Cantera wurde dem stöchiometrischen Methan/Luft-Gemisch die Spezies H_2O, CO_2 und N_2 hinzugefügt.

Die Kurven zeigen, dass sich die laminare Flammengeschwindigkeit unabhängig von der gewählten Verdünnungsmethode mit zunehmendem Verdünnungsgrad verringert. Zum Einen sinkt durch die hinzugefügten und größtenteils inerten Gemischkomponenten die Radikalkonzentration, zum Anderen reduziert sich die an exothermen Reaktionen beteiligte Masse, wodurch die Temperaturerhöhung abgeschwächt wird. Im Vergleich der unterschiedlichen Verdünnungsmethoden fällt auf, dass der verlangsamende Effekt einer Restgaserhöhung stärker wirkt als eine entsprechende Abmagerung. Je höher die Temperatur, umso deutlicher kann dieses Verhalten beobachtet werden. In [38] wird als Begründung aufgeführt, dass sich die Wärmekapazität des Gasgemisches bei einer Restgaszumischung stärker erhöht als bei einer vergleichbaren Luftmassenerhöhung durch Gemischabmagerung. Ein weiterer Grund könnte im

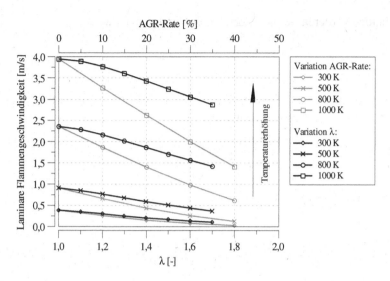

Abbildung 3.13: Einfluss von AGR-Rate und Luft-Kraftstoff-Verhältnis für Methan, Rechenergebnisse aus [38]

überschüssigen Sauerstoff liegen, der sich mit zunehmenden Temperaturen vermutlich nicht mehr inert verhält.

3.4.5 Gleichungsansatz für die Arbeitsprozessrechnung

Die Einbindung einer detaillierten Reaktionskinetik ist für die quasidimensionale Arbeitsprozessrechnung aus Rechenzeitgründen nicht zielführend. Deswegen wurde ein Berechnungsansatz für die laminare Flammengeschwindigkeit entwickelt, der auf den dargestellten Cantera-Ergebnissen basiert. Der Ansatz ist abgeleitet von der Korrelation nach Ewald [23], die für Iso-Oktan entwickelt wurde und durch Gl. 3.13 beschrieben ist.

$$s_L = A \cdot Y_{reac}^m \cdot \left(\frac{T_{uv}}{T^0}\right)^r \cdot \left(\frac{T_B - T^0}{T_B - T_{uv}}\right)^n \qquad \text{Gl. 3.13}$$

Die beiden vorderen Terme stehen für den Frequenzfaktor A

$$A = F \cdot e^{-\frac{G}{T_0}}$$ Gl. 3.14

und den reaktiven Massenbruch Y_{reac}, in den über Z^* und Y_{AGR} der Einfluss von Luftverhältnis und Restgasgehalt eingehen.

$$Y_{reac} = \left(\frac{Z^*}{1,1 \cdot Z_{st}^*}\right)^{n_a} \cdot \left(\frac{1 - Z^*}{1 - 1,1 \cdot Z_{st}^*}\right)^{n_a \cdot \left(\frac{1}{1,1 \cdot Z_{st}^*} - 1\right)} \cdot (1 - Y_{AGR})^{n_{AGR}}$$ Gl. 3.15

$$Z^* = \frac{m_{Krst}}{m_{Krst} + m_{Luft}}$$ Gl. 3.16

T^0 beschreibt die Temperatur in der Reaktionszone, die als der Bereich innerhalb einer flachen Vormischflamme definiert ist, in dem die größte Wärmefreisetzung stattfindet. Sie hängt ab von der Temperatur im Unverbrannten T_{uv} und dem Druck p und wird mittels Gl. 3.17 berechnet.

$$T^0 = T_{uv} \cdot S_1 + \frac{E_i \cdot S_2}{ln\left(\frac{B_i}{p}\right)}$$ Gl. 3.17

Die Temperatur im Verbrannten T_B ist durch Gl. 3.18 definiert und damit ebenfalls abhängig von T_{uv} und dem Restgasgehalt. Die Größen S_1, S_2, S_3 und S_4 sind Spline-Kurven, die als Funktion von Z^* definiert sind. Die verbleibenden Parameter Z_{st}^*, E_i, B_i, m, r, n, F, G, n_{AGR} und n_a wurden für die Anpassung des Gleichungsansatzes an die Cantera-Rechenergebnisse verwendet.

$$T_B = T_{uv} \cdot (S_4 \cdot (1 - Y_{AGR}) + Y_{AGR}) + (1 - Y_{AGR})^{s_{3,fac}} \cdot S_3$$ Gl. 3.18

Die Vorgehensweise bei der Ermittlung der Abstimmungsparameter ist in [38] detailliert beschrieben. Die dazugehörigen Wertetabellen für Methan und Binärgase mit den Sekundärkomponenten Ethan, Propan und Butan sind in [39],

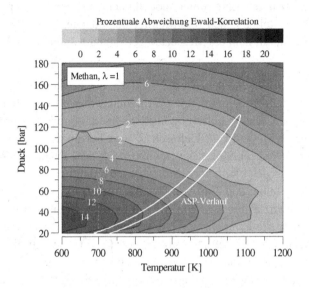

Abbildung 3.14: Abweichung der Ewald-Korrelation für motorische Druck-
und Temperaturbereiche, Rechenergebnisse aus [38]

[40] und [38] veröffentlicht. Für Methan sind die abgestimmten Parameterdaten im Anhang aufgeführt.

In Abbildung 3.14 ist die Abweichung der Korrelation im Vergleich zu den
Cantera-Rechenergebnissen dargestellt. In einem weiten Temperaturbereich
von 800 K bis 1400 K und für Drücke zwischen 80 bar und 140 bar beträgt
der prozentuale Fehler nie mehr als 5 %. Lediglich im Bereich niedriger Temperaturen <500 K und mittlerer Drücke von 20 bis 40 bar kommt es aufgrund
von Quereffekten zu größeren Abweichungen von rund 15 %. [38]

3.5 Validierung

Für ein robustes und ganzheitliches Brennverlaufsmodell reicht die alleini-
ge Validierung der Flammengeschwindigkeitskorrelation nicht aus. Deswegen

wurde der Ansatz in das Entrainmentmodell (siehe Kapitel 3.3) implementiert und mit experimentellen Daten vom Motorprüfstand getestet. Das Einzylinder-Versuchsaggregat, mit dem die Messdaten gewonnen wurden, ist in Kapitel 5.1 beschrieben.

Betrachtet wurden verschiedene Betriebspunkte, die sich durch Variation von Motordrehzahl, Zündzeitpunkt bzw. Verbrennungslage und Luft-Kraftstoff-Verhältnis ergaben. Die Kalibrierung des Brennverlaufmodells wurde für ein stöchiometrisches Methan-Luft-Gemisch ($\lambda = 1$), bei einer Drehzahl von 2000 U/min und einer Verbrennungsschwerpunktlage (U50%) nahe der Klopfgrenze, aber außerhalb des klopfenden Motorbetriebs, durchgeführt. Abgestimmt wurde das Modell über den Startwert für die turbulente kinetische Energie C_k, der in das Turbulenz-Submodell eingeht. Für die Berechnung der weiteren Betriebspunkte blieb die Parametrierung unverändert und alle nachfolgenden Ergebnisse stützen sich auf den konstanten Wert $C_k = 0,03$. Um die berechneten Brennverläufe untereinander vergleichen zu können, wurde die berechnete Brennrate mit der im jeweiligen Arbeitsspiel umgesetzten Energie normiert.

3.5.1 Variation Wasserstoffanteil

Um den Kraftstoffeinfluss zu validieren wurden Methan/Wasserstoff-Gemische unterschiedlicher Zusammensetzung untersucht. In Abbildung 3.15 sind die Ergebnisse für einen Wasserstoffanteil von 10 und 30 mol% im Vergleich zu einem reinen Methan-Luft-Gemisch dargestellt. Am Prüfstand wurde dabei der Verbrennungsbeginn (U5% -Lage) durch Einstellen des Zündwinkels konstant gehalten um den Turbulenzeinfluss zu minimieren. Durch die Wasserstoffzumischung erhöht sich Verbrennungsgeschwindigkeit und die Brenndauer verkürzt sich, was durch das Modell abgebildet werden kann.

Da keine Messdaten mit konstantem Verbrennungsbeginn für Ethan-, Propan- und Butanzumischungen vorliegen, ist deren Einfluss auf den Brennverlauf nicht dargestellt. Für geringe Molanteile dieser Komponenten, wie sie in realem Erdgas vorliegen, ist ohnehin davon auszugehen, dass der Einfluss auf den Brennverlauf von Methan klein ist. Durch die Wasserstoff-Validierung ist zudem bewiesen, dass die modifizierte Ewald-Korrelation plausible Ergebnisse liefert und damit auch in der Lage sein sollte den Einfluss weiterer Kraftstoff-

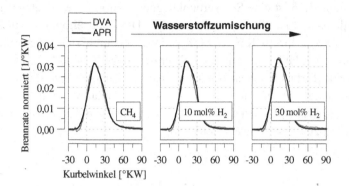

Abbildung 3.15: Wasserstoffeinfluss (2000 U/min, $\lambda = 1$)

komponenten abzubilden. Untersuchungen für Betriebspunkte mit abweichenden Verbrennungslagen nahe der Klopfgrenze bestätigen dies - hier konnte der Brennverlauf für binäre Methan/Ethan-, Methan/Propan- und Methan/Butan-Gemische durch das Modell gut abgebildet werden.

3.5.2 Schwerpunktlagenvariation

Die Verbrennungsschwerpunktlage ist definiert als der Zeitpunkt, zu dem 50 % des gesamten Brennstoffmassenumsatzes erfolgt ist. Sie lässt sich am Motorenprüfstand durch den Zündzeitpunkt (ZZP) einstellen und kann beim Betrieb an der Klopfgrenze als Kriterium für die Klopffestigkeit des Kraftstoffs herangezogen werden. Da die Turbulenz im Brennraum nach Erreichen ihres Maximalwerts im Bereich des oberen Totpunkts kontinuierlich abfällt, resultiert eine spätere Schwerpunktlage in einer langsameren Brennstoffumsetzung und einer längeren Brenndauer. Im Verbrennungsmodell wird die globale Turbulenz, die als Eingangsgröße für das Entrainmentmodell benötigt wird, durch ein k-ε-Turbulenzmodell berechnet, das in [32] beschrieben ist.

In Abbildung 3.16 ist eine Schwerpunktlagenvariation für ein Netzgas mit einem Methananteil von 95 mol% dargestellt.[2] Die Zündzeitpunkte wurden im Bereich von -23 bis -9°KW v. ZOT variiert, wodurch sich eine Spreizung der Schwerpunktlage von rund 23°KW ergab (siehe Tabelle 3.2). Durch das abnehmende Turbulenzniveau sinkt mit späteren Zündwinkeln die maximale Brennrate und die Brenndauer nimmt zu, was durch das Verbrennungsmodell sehr gut vorhergesagt werden kann. Lediglich die Brennverlaufsform weicht im Vergleich zur DVA teilweise leicht ab.

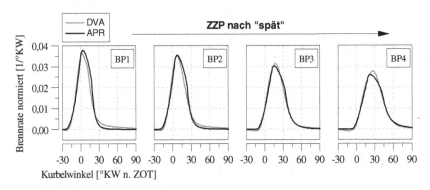

Abbildung 3.16: Schwerpunktlagenvariation (Netzgas, 2000 U/min, $\lambda = 1$)

Tabelle 3.2: Betriebspunktübersicht zu Abbildung 3.16

BP [-]	U50% [°KW n. ZOT]	$BD_{U10\%-U90\%}$ [°KW]
BP1	5,9	26
BP2	10,6	28
BP3	20,1	33,7
BP4	28,6	40,2

Auch wenn die Effekte einer Schwerpunktlagenverschiebung primär durch das Turbulenzverhalten begründet sind und damit das Turbulenzmodell betreffen, ist das Verhalten der laminaren Flammengeschwindigkeit ebenfalls relevant.

---

[2]Die genaue Zusammensetzung ist in Tabelle 5.2 aufgeführt. Für die laminare Flammengeschwindigkeit wurde ausschließlich der Ethan-Anteil von 3,1 mol% berücksichtigt.

So muss die Korrelation in der Lage sein, den Einfluss der - je nach Schwerpunktlage - durchlaufenen Temperatur- und Druckniveaus richtig abzubilden. Darüber hinaus ist eine isolierte Betrachtung einzelner Größen im motorischen Kontext oftmals schwierig, sodass bei der Validierung letztlich auch die gesamtheiliche Funktionalität aller Submodelle bewertet wird.

3.5.3 Drehzahlvariation

Die Drehzahl hat einen großen Einfluss auf das motorische Klopfen, da dadurch die Zeit, die dem Gemisch für die Selbstzündung zur Verfügung steht, direkt beeinflusst wird. Mit 1500 U/min, 2000 U/min und 3000 U/min wurden drei Drehzahlstufen für reines Methan und $\lambda = 1$ untersucht.

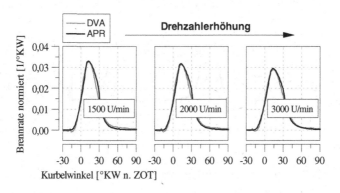

Abbildung 3.17: Drehzahlvariation (Methan, $\lambda = 1$)

Aus Abbildung 3.17 geht hervor, dass die maximale Brennrate mit steigender Drehzahl absinkt, was durch das Entrainment-Modell vorhergesagt werden kann. Die Turbulenz steigt zwar genau wie die Verbrennungsgeschwindigkeit mit der Drehzahl an, jedoch kann dadurch die Verkürzung der für ein Arbeitsspiel zur Verfügung stehenden Zeit nicht kompensiert werden. In der Simulation wird der Drehzahleinfluss leicht überschätzt. Es ist jedoch schwierig den Fehler (der laminaren Flammengeschwindigkeit) zuzuordnen, da durch die Drehzahlvariation der Wandwärmeübergang, die Brennraumtemperaturen und die Turbulenz erheblich beeinflusst werden.

3.5.4 Variation Luft-Kraftstoff-Verhältnis

In Abbildung 3.18 ist eine Variation des Luft-Kraftstoff-Verhältnisses von $\lambda = 1$ bis $\lambda = 1,57$ dargestellt. Der Verbrennungsbeginn U5% wurde im Versuch durch Einstellen des Zündzeitpunkts für die gesamte Messreihe konstant gehalten. Durch die unterschiedlichen Brenngeschwindigkeiten ergeben sich verschiedene Schwerpunktlagen. Die Abmagerung verlangsamt die Verbrennung und führt infolgedessen zu einer längeren Brenndauer, was durch das Verbrennungsmodell dargestellt werden kann. Bei einer weiteren Abmagerung würde sich, bedingt durch die niedrigen Temperaturen in der fortschreitenden Expansionsphase, speziell der Ausbrand verlängern.

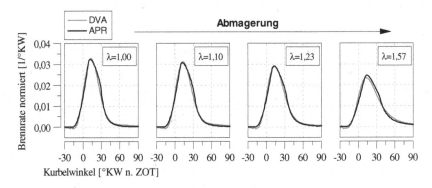

Abbildung 3.18: Vorhersagefähigkeit bei Abmagerung (Netzgas, 2000 U/min)

Im realen Motorbetrieb ist der zulässige Betriebsbereich durch die Magerlaufgrenze beschränkt. Um diese vorherzusagen, kann das Entrainmentmodell beispielsweise mit einem Ansatz zur Berechnung der Kovarianz des Mitteldrucks COV_{pmi}, die als Maß für die zyklischen Schwankungen dient, erweitert werden. Ein solcher Ansatz ist in [108] und [107] beschrieben.

In Kapitel 3.4.3 wurde gezeigt, dass das Maximum der laminaren Flammengeschwindigkeit im Kraftstoffüberschussbereich $\lambda < 1$ liegt. Dies wird durch die Ergebnisse in Abbildung 3.19 gestützt, wenngleich die Unterschiede gering ausfallen. Für ein Luft-Kraftstoff-Verhältnis von $\lambda = 0,98$ ergibt sich im

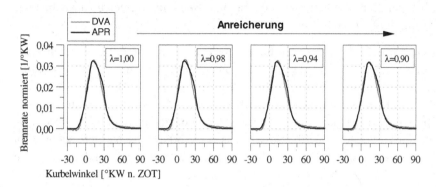

Abbildung 3.19: Vorhersagefähigkeit bei Anreicherung (Netzgas, 2000 U/min)

Vergleich zu den drei anderen Betriebspunkten die größte normierte Brennrate. Bei einer weiteren Kraftstoffanreicherung sinkt die maximale normierte Brennrate wieder und die Brenndauer verlängert sich.

3.6 Anwendung in der Klopfmodellierung

Das in Kapitel 4 vorgestellte Klopfmodell verwendet die Temperatur der unverbrannten Zone und den Brennraumdruck als Eingangsgrößen. Möchte man also die Klopfgrenze per Simulation vorhersagen, müssen diese Größen bekannt sein. Deswegen ist das hier vorgestellte Brennverlaufsmodell, mit dem verschiedene Einflüsse auf die reguläre Verbrennung abgebildet werden können, die Basis für die vorhersagefähige Klopfmodellierung.

Mit dem Binärgas-Ansatz für die laminare Flammengeschwindigkeit ist es nicht möglich Mehrkomponentengemische zu berechnen. Daher ist prinzipiell auch die Anwendung auf Realgase eingeschränkt. Allerdings besitzen natürliche Erdgase nur geringe Molanteile von meist < 1 mol% an Propan und Butan, weshalb anzunehmen ist, dass die Betrachtung als Binärgas mit alleiniger Berücksichtigung von Ethan ausreicht. Hinzu kommt, dass sich die laminare

Flammengeschwindigkeit von Propan und Butan im Vergleich zu Methan nur geringfügig unterscheidet.

Es ist anzumerken, dass die turbulente Flammenausbreitung weiteren kraftstoffabhängigen Effekten wie der Flammenfaltung unterliegt, was bspw. durch die sog. Markstein-Zahl charakterisiert wird [66] [73]. Diese Einflüsse wurden in dieser Arbeit jedoch vernachlässigt und der Kraftstoffeinfluss auf die Brennrate (neben der geänderten Kalorik) auf die laminare Flammengeschwindigkeit zurückgeführt. Ebenso wurden kraftstoffspezifische Unterschiede im flame quenching (Flammenlöschungseffekte im Brennraumwandbereich), wie bspw. in [77] beschrieben, nicht berücksichtigt.

Neben dem Kraftstoffeinfluss ist die Vorhersagefähigkeit bei einer Schwerpunktlagenvariation besonders wichtig, da die Klopfneigung eines Kraftstoffes oftmals mittels der U50% -Lage an einer definierten Klopfgrenze beschrieben wird. Ein klopffreudiges Gas wird bereits bei niedrigen Temperaturen selbstzünden und die Klopfgrenze damit bei verhältnismäßig späten Schwerpunktlagen liegen, was durch das Turbulenzmodell abgebildet werden muss.

4 Modellierung der Selbstzündung

Motorklopfen ist ein stochastisch auftretendes Phänomen, das durch Selbstzündungen im unverbrannten Gemisch vor der Flammenfront auftritt. Die Selbstzündung des Luft-Kraftstoff-Gemisches tritt dabei vornehmlich an Stellen erhöhter Temperatur, sog. „hot spots", auf und hängt stark von der Niedertemperaturkinetik des Kraftstoffes ab. Dies bedeutet für die Modellierung, dass neben den physikalischen Randbedingungen wie Zylinderdruck und Brennraumtemperatur, auch die komplexe Kraftstoffchemie abgebildet werden muss. Da die Selbstzündung im Endgas allein kein hinreichendes Kriterium für das Auftreten von Motorklopfen ist [57] [56] [82], wurde der nachfolgende Modellierungsansatz für die Selbstzündung im weiteren Verlauf noch um ein Klopfkriterium erweitert, das in Kapitel 5.6 beschrieben ist.

4.1 Stand der Technik

Bestehende Klopfmodellierungsansätze lassen sich primär in zwei unterschiedliche Kategorien einteilen. Phänomenologische Modelle basieren auf Reaktionskinetikrechnungen und haben zum Ziel, die komplexe Niedertemperaturchemie möglichst nahe der realen Vorgänge abzubilden. Empirische Modelle stützen sich hingegen auf eine mittlere Reaktionsgeschwindigkeit im Endgas und weisen daher eine deutlich geringere Komplexität auf. Der unterschiedliche Detaillierungsgrad im Bezug auf die Abbildung der realen Zusammenhänge führt dazu, dass die beiden Modellklassen sich in ihrer Anwendbarkeit in der Motorprozessrechnung unterscheiden. [111]

Die Klasse der phänomenologischen Ansätze umfasst Modelle, die versuchen, die komplexe Chemie der Selbstzündung inklusive der zu Grunde liegenden Reaktionsschemata abzubilden. Die Modellierung erfolgt über Reaktionsmechanismen, die je nach Kraftstoff eine Vielzahl einzelner Elementarreaktionen beinhalten. Sind alle relevanten Reaktionen enthalten, so spricht man von um-

© Der/die Autor(en), exklusiv lizenziert durch
Springer Fachmedien Wiesbaden GmbH, ein Teil von Springer Nature 2021
L. Urban, *Modellierung der klopfenden Verbrennung methanbasierter Kraftstoffe*, Wissenschaftliche Reihe Fahrzeugtechnik Universität Stuttgart,
https://doi.org/10.1007/978-3-658-32918-1_4

fassender oder detaillierter Reaktionskinetik. Sie ist gleichzeitig Referenz und Ausgangspunkt für Vereinfachungen, die zu einer reduzierten Reaktionskinetik führen, die sich auf die Abbildung der wichtigsten Reaktionen und deren Raten beschränkt. [76] [31]

Historisch gesehen wurden zunächst Reaktionsmechanismen für einfache Kraftstoffe und höhere Temperaturbereiche entwickelt. Durch die fortschreitende Erforschung der Selbstzündungschemie und durch die rechnergestützte Mechanismusgenerierung konnten diese dann schrittweise erweitert werden um auch die Niedertemperaturkinetik von längerkettigen Kohlenwasserstoffen abzubilden. [76]

Aufgrund der hohen Rechenzeiten, die selbst bei Verwendung von Surrogat-Kraftstoffen mit wenigen Spezies problematisch sind, wird die detaillierte Reaktionskinetik zumeist mit null- oder quasidimensionalen Ansätzen für die Motorprozessrechnung gekoppelt. Temperatur, Druck und Zusammensetzung des unverbrannten Endgases dienen als Eingangsparameter für die reaktionskinetische Berechnung. Eine durch exotherme Vorreaktionen im Endgas auftretende Wärmefreisetzung kann wiederum über die Energieerhaltung des thermodynamischen Systems rückwirkend berücksichtigt werden. Durch eine zweizonige Betrachtung bei null- und quasidimensionalen Arbeitsprozessrechnungen können Temperaturfluktuationen in der unverbrannten Zone nicht berücksichtigt werden, da diese Modellierungsansätze auf einer homogenen Temperaturverteilung basieren. Für die Vorhersage von hot spots bedarf es daher mehrzoniger Ansätze und einer räumlichen Betrachtung des Brennraums. Aufgrund der hohen Rechenleistung, die notwendig wäre um die Selbstzündungschemie für jede Zone zu berechnen, werden hier stark vereinfachte Reaktionsmechanismen verwendet. Ein Übersicht dieser Mehrschrittmechanismen kann beispielsweise Kleinschmidt [55] entnommen werden. [111]

Im Gegensatz zu phänomenologischen Ansätzen werden bei empirischen Modellen weder ganze Reaktionsschemata, noch einzelne Elementarreaktionen berücksichtigt. Stattdessen werden alle im Endgas ablaufenden Reaktionen zu einer globalen Einschrittreaktion, deren Zündverzugszeit sich auf eine mittlere Reaktionsgeschwindigkeit stützt, zusammengefasst. Nach Livengood und Wu [64], kann der Reaktionsfortschritt einer solchen Sammelreaktion in Abhängigkeit der zeitlichen Druck- und Temperaturhistorie des Endgases und der

Gaszusammensetzung (im Unverbrannten) formuliert werden (siehe Gl. 4.1). Dabei wird angenommen, dass bei Erreichen einer definierten, kritischen Radikalkonzentration x_c, die Selbstzündung eintritt.

$$\frac{d(x)}{dt} = f(p, T, t, Gaszusammensetzung) \qquad \text{Gl. 4.1}$$

Der funktionale Zusammenhang zwischen dem Reaktionsfortschritt $\frac{(x)}{(x_c)}$, der Zeit t und der Zündverzugszeit τ ergibt sich aus Gl. 4.2, die zu einem „integralen Zündverzugs", dem sog. Livengood-Wu-Integral[1], umgeformt werden kann (siehe Gl. 4.3). Veranschaulicht werden kann das LW-Integral wie in Abbildung 4.1. Erreicht das (Flächen-)Integral den Wert „1" tritt per Definition die Selbstzündung ein. Das bedingt jedoch einen infinitesimal kleinen Integrationszeitschritt und die Annahme, dass sich innerhalb eines Zündprozesses mit konstanten Randbedingungen die Reaktionsrate nicht über der Zeit (Reaktion 0. Ordnung) ändert und damit $f(\frac{t}{\tau}) = \frac{1}{\tau}$ gültig ist.

$$\frac{d}{dt}\left[\frac{(x)}{(x_c)}\right] = f\left(\frac{t}{\tau}\right) \qquad \text{Gl. 4.2}$$

$$\frac{(x)}{(x_c)} = \int_{t_0}^{t_e} \frac{1}{\tau} dt = I_K \qquad \text{Gl. 4.3}$$

Ist die Zündverzugszeit für jeden Zeitschritt bekannt, kann der Selbstzündungszeitpunkt über den Integralwert $I_K = 1$ bestimmt werden. Es sei angemerkt, dass sich die motorischen Zündprozesse nicht auf Reaktionen 0. Ordnung beschränken, also bspw. thermische Zerfallsreaktionen, deren Geschwindigkeit unabhängig von der Konzentration der Edukte ist. In [72] wird jedoch dargestellt, wieso das LW-Integral auch für beliebige Reaktionsordnungen anwendbar ist. Neben der klassichen Anwendung, die ein homogenes Gemisch voraussetzt, stellen Hu et al. in [50] eine Erweiterung vor, in der Gemischinhomogenitäten berücksichtigt sind und die damit speziell für die Integration in 3D-CFD Simulationen interessant ist.

---

[1]In der Literatur wird das Integral oftmals auch als Zünd- oder Klopfintegral bezeichnet.

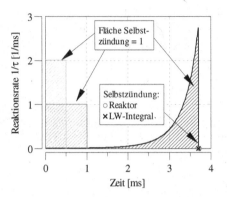

Abbildung 4.1: Graphische Veranschaulichung des LW-Integrals

Approximation der Zündverzugszeit:
Während in der Korrelation von Livengood und Wu der Zündverzug auf einer Messung in einer Rapid Compression Machine (RCM) basiert, werden wie in [28], [111], [20] und [86] häufig einfache Formulierungen zur Berechnung der Zündverzugszeit verwendet, die von der Arrhenius-Gleichung abgeleitet sind (siehe Gleichung Gl. 4.4). Dabei werden die Koeffizienten zumeist so abgestimmt, dass sich eine gute Übereinstimmung mit experimentellen Ergebnissen an speziellen CFR-Motoren [2] oder an Serienmotoren ergibt.

$$\tau = a \cdot p^b \cdot e^{\frac{c}{T}} \qquad \text{Gl. 4.4}$$

Detaillierte Korrelationen für die mathematische Bestimmung der Zündverzugszeit für Methan sind in [74], [75], [61] und [60] beschrieben. Mit den Ansätzen in [91] und [48] kann zudem der Einfluss einzelner, höherkettiger Kohlenwasserstoffe auf den Zündverzug von Methan berücksichtigt werden. Darüber hinaus werden in [105], [100], [25] und [24] sog. 3-Arrhenius-Modelle verwendet, mit denen die Zündverzugszeit für unterschiedliche Temperaturregimes approximiert werden kann und die dadurch in der Lage sind den für höhere Kohlenwasserstoffe typischen NTC-Bereich abzubilden. Hu und Keck

---

[2]Geeichtes Einzylinder-Triebwerk mit variabler Verdichtung, mit dem die Klopfneigung von Kraftstoffen untersucht wird.

[49] entwickelten auf Basis experimenteller Untersuchungen in einer Verbrennungsbombe einen reduzierten Mechanismus, mit dem es möglich war die Selbstzündung verschiedener Luft-/Kraftstoffgemische in einer RCM nachzubilden. Mit demselben Reaktionsmechanismus wurde anschließend von Chun et. al [11] gezeigt, dass bei Übertragung auf den realen Motorprozess der Klopfeintritt im Bereich weniger Grad Kurbelwinkel Abweichung vorhergesagt werden kann.

Klopfmodelle für Benzin:
In zahlreichen Veröffentlichungen zum Klopfintegral wurden verschiedene Erweiterungen der Basisgleichung für den Zündverzug entwickelt, um beispielsweise den Einfluss von Kraftstoff, Sauerstoffgehalt oder Restgasmenge abzubilden. In der Arbeit von Douaud und Eyzat [20] wurde ein Verfahren vorgestellt, mit dem sich die Arrhenius-Parameter für einen beliebigen Benzinkraftstoff in Abhängigkeit von vier unter verschiedenen Randbedingungen ermittelten Oktanzahlen bestimmen lassen. Franzke [28] stellt in seiner Veröffentlichung den sog. K-Wert vor, mit dem der Verbrennungsfortschritt in Bezug zum Klopfbeginn gesetzt wird. Worret [111] versuchte die Vorhersagegüte des Klopfintegrals zu verbessern indem er eine Optimierung der Arrhenius-Parameter anhand mehrerer Betriebspunkte vornahm, während in der Arbeit von Schmid [86] der Fokus auf dem Auswertezeitpunkt des Integrals und der in die Berechnung eingehenden Temperatur liegt.

Neben den Ansätzen auf Basis eines einfachen Zündintegrals wurde in [72] ein zweistufiges LW-Integral vorgestellt, mit dem es möglich ist die typischen Zweistufenzündungen von höherkettigen Kohlenwasserstoffen abzubilden. In [24] wird dieser Ansatz um ein Klopfkriterium, das denn Wandeinfluss durch Modellierung einer thermischen Grenzschicht berücksichtigt, erweitert und anhand von Motormessdaten validiert.

Klopfmodelle für Gaskraftstoffe:
Für Gaskraftstoffe existieren im Vergleich zu Benzin nur wenige Klopfmodellierungsansätze. In der Arbeit von Lämmle [65] wird die Arrhenius-Gleichung um einen Term erweitert, der die Differenz von einem definierten (kritischen) Massenumsatz von 75 % verbrannter Gemischmasse und Massenumsatz bei Klopfbeginn beinhaltet. Ein Gewichtungsfaktor für diesen Term wurde ebenso wie die Arrhenius-Parameter mit einem Algorithmus auf die Messdatenbasis

angepasst. Neben Methan wurden Gasgemische mit Anteilen an Ethan, Propan und Stickstoff untersucht und deren Einfluss durch unterschiedliche Parametersätze abgebildet.

Virnich stellt in [102] eine Methodik vor, die nicht auf das Klopfintegral zurückgreift, sondern stattdessen auf einem Reaktionsmechanismus basiert, der in ein nulldimensionales 2-Zonen-Modell eingebettet ist.

Das in dieser Arbeit entwickelte Klopfmodell wurde im Rahmen der Veröffentlichungen [97] und [96] vorgestellt und basiert auf einer mehrstufigen Arrhenius-Approximation der Zündverzugszeit.

4.2 Reaktionskinetische Untersuchung der Selbstzündung

Wie im Stand der Technik aufgeführt, werden die für das LW-Integral verwendeten Zündverzugszeiten oftmals auf motorische Messdaten angepasst. Bei Verwendung der so ermittelten Arrhenius-Parameter außerhalb ihrer Abstimmungsdatenbasis können sich dadurch Abweichungen in der Vorhersage des Selbstzündungszeitpunktes ergeben, die eine Neukalibrierung der Koeffizienten erforderlich machen. Dies ist einer der Gründe, weshalb die Übertragung von bestehenden Klopfmodellen auf andere Betriebsbedingungen oder gar andere Kraftstoffe und Motoren problematisch ist.

Um möglichst phänomenologisch vorzugehen, wurden die Zündverzugszeiten in dieser Arbeit durch Reaktionskinetikrechungen in Cantera [30] bestimmt. So kann der Einfluss von Temperatur, Druck und Kraftstoffzusammensetzung auf die Selbstzündungsneigung auf Basis der zu Grunde liegenden Niedertemperaturchemie ermittelt werden. In diesem Kapitel ist die Vorgehensweise bei der Zündverzugsberechnung, der für die Berechnung verwendete Reaktionsmechanismus und die Ergebnisse in Abhängigkeit der verschiedenen Einflussparameter beschrieben. Die Grundlagen der Reaktionskinetik und Kohlenwasserstoffverbrennung sind in Kapitel 2.3 aufgeführt.

4.2.1 Der Cantera-Reaktor

In Cantera können Selbstzündungsprozesse mit einem Reaktormodell simuliert werden. Ein Reaktor ist die einfachste Form eines instationären, reaktiven chemischen Systems, das sich innerhalb eines Kontrollvolumens ($V = konst.$) befindet und in dem alle Zustandsvariablen homogen verteilt sind. Als Reaktortyp wurde ein „Ideal Gas Reactor" gewählt. Nachfolgend sind die Erhaltungsgleichungen für Masse Gl. 4.5, Spezies Gl. 4.6 und Energie Gl. 4.7 beschrieben. Durch Annahme eines adiabaten und abgeschlossenen Systems, lassen sich einige Terme streichen und das Gleichungssystem vereinfachen. Beim „Ideal Gas Reactor" wird die Temperatur als Zustandsvariable verwendet, weshalb sich die Energieerhaltungsgleichung nach Gl. 4.8 umformulieren lässt. [30]

$$\frac{dm}{dt} = \underbrace{\sum_{ein} \dot{m}_{ein}}_{=0} - \underbrace{\sum_{aus} \dot{m}_{aus}}_{=0} + \underbrace{\dot{m}_{Wand}}_{=0} \qquad \text{Gl. 4.5}$$

$$\dot{m}_{k,gen} = V \dot{\omega}_k W_k + \underbrace{\dot{m}_{Wall}}_{=0} \qquad \text{Gl. 4.6}$$

$$\frac{dU}{dt} = \underbrace{u \frac{dm}{dt}}_{=0} + mc_v \frac{dT}{dt} + m \sum_k u_k \frac{dY_k}{dt} \qquad \text{Gl. 4.7}$$

$$mc_v \frac{dT}{dt} = -p \frac{dV}{dt} - \sum_k \dot{m}_{k,gen} u_k \qquad \text{Gl. 4.8}$$

Das Gleichungssystem kann innerhalb Cantera durch den integrierten Solver gelöst werden. Mit dem Befehl *advance()* lässt sich der Zustand zu einer beliebigen Zeit berechnen, wobei der Gleichungslöser intern mehrere Schritte berechnen kann. Um die Zündverzugszeit möglichst genau zu bestimmen, gleichzeitig aber außerhalb der Zündgrenzen die Rechenzeit zu minimieren, wurde eine variable Zeitschrittweite verwendet. Bei Erreichen des Zündkriteriums springt der Solver zum letzen Rechenschritt vor Zündung zurück und reduziert die Schrittweite um eine Zehnerpotenz, sodass alle Zündverzugszeiten mit einer Genauigkeit von 10^{-8} *s* bestimmt werden können.

Der Reaktor wird mit Starttemperatur und -druck initialisiert. Durch das ebenfalls vorgegebene konstante Reaktorvolumen ergibt sich die Masse durch die Zustandsgleichung für ideale Gase je nach spezifischer Gaskonstante des Gemischs. Der Sauerstoffanteil kann in Abhängigkeit von Kraftstoffgemisch und Verbrennungsluftverhältnis über den stöchiometrischen Luftbedarf berechnet werden. Mit einem Volumenverhältnis von 3,76 zu 1 ergibt sich der Molanteil an Stickstoff, der dem Reaktor als Inertgas zugeführt wurde.

In Abbildung 4.2 ist der zeitliche Temperaturverlauf im Reaktor exemplarisch dargestellt. Bei Erreichen einer kritischen Radikalkonzentration finden exotherme Reaktionen statt, die im adiabaten Reaktor zu einem rapiden Temperaturanstieg führen. Als Zündkriterium wurde eine Temperaturschwelle von 400 K gewählt. Somit ist die Zündverzugszeit als die Zeitdauer definiert, die zwischen Rechenstart und Erreichen der Zündtemperatur ($T_0 + 400\ K$) liegt. Untersuchungen mit weiteren Zündkriterien wie bspw. einer anderen Temperaturschwelle oder die Verwendung eines Temperatur- oder Druckgradienten als Abbruchkriterium haben gezeigt, dass der Einfluss des Kriteriums auf die berechnete Zündverzugszeit vernachlässigbar klein ist.

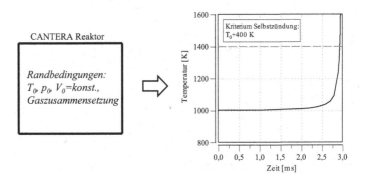

Abbildung 4.2: Temperaturverlauf im Reaktor

Es sei angemerkt, dass Zündverzugsberechnungen in Cantera grundsätzlich auch mit einem anderen Reaktortyp, beispielsweise unter Annahme eines konstanten Drucks, möglich sind. Die Verwendung eines Reaktors mit konstantem Volumen bietet jedoch mehrere Vorteile. Zum Einen ist die Umsetzung in Cantera und Python vergleichsweise einfach, da keine beweglichen Wand-Objekte implementiert werden müssen und zum Anderen kann der Zustand in einem Einhubtriebwerk (RCM) durch das Modell gut abgebildet werden. Nach der Kompression durch den Kolben, der in der Endposition zumeist durch einen Kniehebel fixiert wird, zündet das Gasgemisch dort ebenfalls in einem Raum mit konstantem Volumen.

4.2.2 Geeignete Reaktionsmechanismen

Für die Berechnung in Cantera wird neben dem Reaktormodell ein für die Erdgasverbrennung geeigneter Reaktionsmechanismus benötigt. Der für die Flammengeschwindigkeitsberechnungen in Kapitel 3.4 verwendete GRI-Mech [89] ist für die Niedertemperaturoxidation von Erdgasgemischen nur bedingt geeignet, da er für höhere Temperaturen ausgelegt ist und nur eine stark vereinfachte Propan-Chemie beinhaltet. Außerdem können >C3 Kohlenwasserstoffe nicht berücksichtigt werden (siehe Kapitel 3.4.2). Eine Auswahl geeigneter Reaktionsmechanismen aus der Literatur, die in Cantera im Vorlauf stichprobenartig getestet wurden, ist Tabelle 4.1 zu entnehmen.

Tabelle 4.1: Übersicht geeigneter Reaktionsmechanismen

Name	Quelle	Spezies	Reaktionen
AramcoMech	[67]	253	1542
Natural Gas II	[6]	289	3128
Natural Gas III	[43]	293	3152

Die Mechanismen AramcoMech [67], Natural Gas II [6] und Natural Gas III [43] wurden allesamt am Combustion Chemistry Centre der NUI (National University of Ireland) Galway entwickelt und sind speziell für die Erdgasverbrennung optimiert. Sowohl der Natural Gas II, als auch Natural Gas III Mechanismus unterstützen eine C1-C5 Kohlenwasserstoffchemie und basieren auf Zündverzugsmessungen an Stoßwellenrohren und Einhubtriebwerken. Die experimentellen Untersuchungen wurden bei hohen Drücken von über 30 bar durchgeführt, was in Hinblick auf die notwendige Extrapolation hin zu motorisch relevanten Drücken einen großen Vorteil darstellt. Der Natural Gas

III Mechanismus kann als Weiterentwicklung des Natural Gas II betrachtet werden und deckt auch den Zündverzug im niedrigen Temperaturbereich von rund 630 K bis 800 K ab. Mit 289 und 293 berücksichtigter Spezies und mehr als 3100 hinterlegter Elementarreaktionen sind beide Mechanismen recht detailliert, besitzen aber trotzdem praktikable Rechenzeiten. Der AramcoMech[3] stammt vom gleichen Forschungsinstitut und wurde von Saudi Aramco finanziert. Er stützt sich auf eine C1-C4 Kohlenwasserstoffchemie und enthält daher weniger Spezies und Elementarreaktionen als die Natural Gas Mechanismen. Der Mechanismus wurde zunächst mit dem C1-Submechanismus aufgebaut und anschließend sukzessive um die höheren Kohlenwasserstoffe Ethan, Propan, Butan und deren Derivate erweitert und durch eine Vielzahl von Zündverzugsmessungen validiert. Trotz des geringeren Umfangs ist die Rechenzeit in Cantera beim AramcoMech höher als bei den Natural Gas Mechanismen. [6] [43] [67]

Die Auswahl der beschriebenen Reaktionsmechanismen erfüllt nicht den Anspruch der Vollständigkeit. Prinzipiell sind alle Mechanismen, die für höherkettige Kohlenwasserstoffe >C4 entwickelt wurden geeignet, da auch sie die relevante C1-C4 Chemie beinhalten. Der Vorteil der aufgeführten Mechanismen liegt darin, dass sie neben der geringeren Rechenzeit speziell für Erdgasgemische bzw. Kohlenwasserstoffe mit geringer Kettenlänge konzipiert sind und für diesen Kraftstofftyp validiert und abgestimmt wurden.

Mit allen drei Mechanismen wurde die Selbstzündung im Cantera-Reaktor für ausgewählte Starttemperaturen und -drücke und für unterschiedliche Gaszusammensetzungen simuliert. Dabei zeigte sich, dass die Unterschiede der bestimmten Zündverzugszeiten gering sind, was sich darauf zurückführen lässt, dass die Reaktionsmechanismen von derselben Forschungsgruppe entwickelt wurden. In Abbildung 4.3 sind die Ergebnisse der Simulation mit dem Natural Gas III Mechanismus und gemessene Zündverzugszeiten aus der Literatur [43] für ein methanbasiertes Gasgemisch mit Anteilen an höherkettigen Alkanen wie Propan und Butan dargestellt. Die Gegenüberstellung zeigt, dass sich die experimentellen Ergebnisse für 8 bar, 20 bar und 30 bar und in einem Temperaturbereich von 750 K bis 1400 K sehr gut nachbilden lassen. Die re-

---

[3]In dieser Arbeit wurde der AramcoMech 1.3 verwendet. Mittlerweile existiert eine weiterentwickelte Version 2.0.

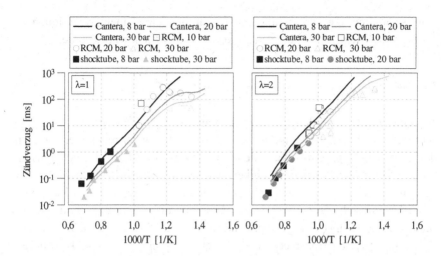

Abbildung 4.3: Validierung Cantera Simulation, Messdaten aus [43]

duzierte Selbstzündungsneigung bei einer Verdünnung auf ein Luft-Kraftstoff-Verhältnis von $\lambda = 2$ kann ebenfalls vorhergesagt werden. Da der Natural Gas III Mechanismus auch bei weiteren Validierungsrechnungen die höchste Ergebnisgüte erzielte und gegenüber dem AramcoMech eine geringere Rechenzeit aufweist, wurde er als Vorzugsmechanismus identifiziert und für die nachfolgenden Untersuchungen gewählt.

4.2.3 Ergebnisse

Das thermodynamische System „Brennraum" durchläuft während eines Arbeitsspiels einen großen Druck- und Temperaturbereich. Zusätzlich kann sich die Gaszusammensetzung z.b. durch Variation des Restgasgehalts oder des eingesetzten Kraftstoffs verändern. All dies beeinflusst das Selbstzündungsverhalten des Luft-Kraftstoffgemisches. Um die einzelnen Einflüsse zu identifizieren und deren Effekt auf die Zündverzugszeit zu quantifizieren, wurde mit dem Reaktormodell in Cantera eine Vielzahl an Parametervariationen durchgeführt und ausgewertet. Durch zusätzlich vorgenommene Sensitivitätsanalysen war es möglich, die geschwindigkeitsbestimmenden Elementarreaktionen zu finden und die Ergebnisse aus reaktionskinetischer Sicht zu begründen.

Druckeinfluss

Mit einer Druck- und damit einhergehenden Dichtesteigerung erhöht sich die Wahrscheinlichkeit, dass Radikale durch Stoß miteinander reagieren, wodurch der Selbstzündungsprozess beschleunigt wird. Im Reaktionsmechanismus ist dies ist durch die Druckabhängigkeit der Geschwindigkeitskoeffizienten für die einzelnen Elementarreaktionen abgebildet. Betrachtet man den Motorprozess, so kann sich der Zylinderdruck in einem großen Bereich von Atmosphärendruck (ca. 1 bar) bis hin zu Spitzendrücken von 150 bar und mehr bewegen. Da die meisten Reaktionsmechanismen nicht für solche hohen Drücke validiert sind, muss man darauf vertrauen, dass der Druckeinfluss physikalisch korrekt hinterlegt wurde und die Reaktionsmechanismen auch im nicht validierten Bereich funktionieren.

In Abbildung 4.4 ist die Druckabhängigkeit des Zündverzugs für unterschiedliche Temperaturniveaus dargestellt. Für den Bereich von 10 bis ca. 60 bar sind die Kurven stark temperaturabhängig. So verläuft die Kurve für 800 K relativ flach, während für 1200 K ein starker Druckeinfluss auf die Selbstzündungszeit zu beobachten ist. Im Bereich zwischen 100 und 180 bar ist der Kurvenverlauf nahezu unabhängig von der Temperatur und der Druckeinfluss sinkt.

Betrachtet man für 1000 K die Sensitivität einzelner Reaktionen auf die Zündverzugszeit, so sind bei einem Druck von 10 bar die beiden Reaktionen $2\,CH_3(+M) \longrightarrow C_2H_6(+M)$ und $CH_3 + HO_2 \longrightarrow CH_4 + O_2$, die zu einem Kettenabbruch führen, relevant. Für einen Druck von 100 bar sind diese Reaktionen deutlich weniger sensitiv. Bei niedrigen Drücken ist der Pfad über CH_3O durch die Reaktionen $CH_3 + HO_2 \longrightarrow CH_3O + OH$ und $CH_3 + CH_3O_2 \longrightarrow 2\,CH_3O$ wichtig, während mit höheren Drücken die OH-Radikalbildung über Wasserstoffperoxid (H_2O_2) sensitiv wird.

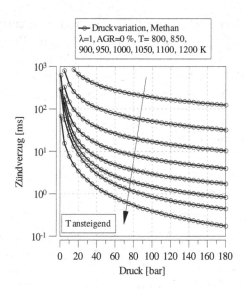

Abbildung 4.4: Druckeinfluss auf den Zündverzug von Methan

Variation von Luft-Kraftstoff-Verhältnis und Restgasgehalt

Mit Blick auf den motorischen Betrieb wurden zwei unterschiedliche Möglichkeiten der Ladungsverdünnung untersucht. Zum einen wurde das Luft-Kraftstoff-Verhältnis λ im Vergleich zu stöchiometrischen Konditionen erhöht (erniedrigt) um den reaktionskinetischen Effekt einer Abmagerung (Anreicherung) zu untersuchen. Zum anderen wurde dem Reaktor Kohlenstoffdioxid und Wasser beigemischt um eine Abgasrückführung zu simulieren.

Für die Untersuchung wurde das Luft-Kraftstoff-Verhältnis von $\lambda = 0,9$ bis 1 in 0,02-Schritten und von $\lambda = 1$ bis 3 in 0,1-Schritten abgerastert (siehe Abbildung 4.5, linkes Diagramm). Die Abmagerung führt zu einer Erhöhung der Zündverzugszeit. Der Kurvenverlauf ist dabei degressiv, d.h. mit zunehmender Abmagerung schwächt sich der verlangsamende Effekt ab. Ein Quereinfluss über die Temperatur kann nicht beobachtet werden.

Durch Erhöhung der AGR-Rate nimmt die Zündverzugszeit wie bei der λ-Variation ebenfalls ab, allerdings ist der Effekt deutlich stärker (siehe Abbildung 4.5, rechtes Diagramm). Eine AGR-Rate von 50 % entspricht einer ähnlichen Verdünnung wie eine Abmagerung auf ein Luft-Kraftstoff-Verhältnis von $\lambda = 2$, besitzt im Vergleich aber einen größeren Einfluss auf die Zündverzugszeit. Außerdem scheint sich der verlangsamende Effekt gemäß dem Kurvenverlauf mit zunehmender AGR-Rate zu verstärken.

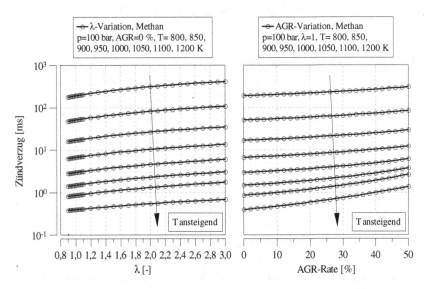

Abbildung 4.5: Einfluss Luft-Kraftstoff-Verhältnis auf den Zündverzug von Methan

Vor dem Hintergrund, dass einige wichtige Elementarreaktionen von der Sauerstoffkonzentration abhängen und die Beschleunigung dieser Reaktionen den Verdünnungseffekt durch die Abmagerung möglicherweise kompensiert, sind die Ergebnisse plausibel. Im Temperaturbereich >1200 K wird der Selbstzündungsprozess beispielsweise stark von der kettenverzweigenden Reaktion H + $O_2 \longrightarrow O + OH$ dominiert, deren Umsatzrate mit höherem Sauerstoffgehalt steigt [88].

Bei der Variation des Restgasgehalts wurden ausschließlich die inerten Bestandteile Kohlenstoffdioxid, Wasser und Stickstoff berücksichtigt. Im realen Motorbetrieb können durch Stickoxidbildung und unvollständige Verbrennung auch reaktive Spezies wie Kohlenstoff- oder Stickstoffmonoxid im Restgas enthalten sein. Üblicherweise ist die Konzentration jedoch so gering, dass deren Einfluss auf die Selbstzündung vernachlässigt werden kann.

Kraftstoffzusammensetzung

Aus der Literatur ist bekannt, dass insbesondere der Anteil an höheren Kohlenwasserstoffen wie Propan oder Butan die Selbstzündungscharakteristik von Erdgasgemischen beeinflusst. Da bei längerkettigen Alkanen weniger Energieaufwand für die Bildung von Alkylradikalen von Nöten ist, kann u.a. der initiale Schritt der H-Atom-Abstraktion schneller ablaufen, was zu einer Verkürzung des Zündverzugs führt. [69][43]

Nachfolgend sind die Ergebnisse von Reaktionskinetikrechnungen für Methan mit unterschiedlichen Ethan-, Propan- und Butan-Zumischungen dargestellt. Neben den Kohlenwasserstoff-Gemischen wurde auch der Einfluss einer Wasserstoffbeimischung auf die Zündverzugszeit untersucht.

Ethan-Einfluss:
Die primäre $C-H$ Bindung beim Ethan-Molekül besitzt mit $\approx 423 \frac{kJ}{mol}$ eine niedrigere Bindungsenergie als die Methyl $C-H$ Bindung von Methan, deren Dissoziationsenergie $\approx 439 \frac{kJ}{mol}$ beträgt. Deshalb wird weniger Energie für die Bildung der Alkyl-Radikale benötigt und es ist zu erwarten, dass die Selbstzündungsneigung mit höheren Ethan-Zumischungen zunimmt. Die Ergebnisse der Reaktorrechnung in Abbildung 4.6 bestätigen diese Annahme. Mit steigendem Ethan-Gehalt sinkt die Zündverzugszeit im höheren Temperaturbereich >1100 K merklich. Für Temperaturen unterhalb 900 K ist die beschleunigende Wirkung hingegen deutlich abgeschwächt, wobei sich der Kraftstoffeinfluss mit höheren Drücken hin zu höheren Temperaturen zu verschieben scheint.

Durch Sensitivitätsanalysen wurde ermittelt, welche Reaktionen den Zündverzug besonders beeinflussen. Im Niedertemperaturbereich von ca. 800 K dominiert die Kraftstoffchemie, da die Radikalbildung, insbesondere die des Hydrodxyl-Radikals über den Pfad $H + O_2 \longrightarrow O + OH$, aufgrund der hohen Aktivierungsenergie verhältnismäßig langsam abläuft. Für Ethan ist die Reaktion $C_2H_6 + HO_2 \longrightarrow C_2H_5 + H_2O_2$ relevant, da darüber Wasserstoffperoxid gebildet wird, das über die Reaktion $H_2O_2 + M \longrightarrow 2\,OH + M$ in

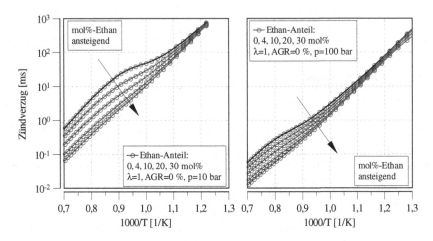

Abbildung 4.6: Zündverzug von Methan/Ethan-Gemischen

zwei Hydroxyl-Radikale aufgespalten wird. Bei Erhöhung der Reaktionsrate für die Reaktion $C_2H_5 + O_2 \longrightarrow C_2H_4 + HO_2$ steigt die Zündverzugszeit an, was dafür spricht, dass sowohl Hydroperoxyl als auch Ethen eher verlangsamend auf die Selbstzündung wirken.

Bei einer Temperatur von 1200 K zeigt sich für Methan eine starke Rekombination der Methyl-Radikale über die Reaktionen $2\,CH_3(+M) \rightleftharpoons C_2H_6(+M)$ und $2\,CH_3 + HO_2 \longrightarrow CH_4 + O_2$ wodurch der nichtlineare Kurvenverlauf von Methan erklärt werden kann. Die Sensitivität dieser zwei Kettenabbruchreaktionen nimmt mit steigendem Ethan-Gehalt ab, da auch die Konzentration der Methyl-Radikale sinkt. Das erklärt möglicherweise warum die beschleunigende Wirkung von Ethan erst bei höheren Temperaturen zum Tragen kommt.

Propan-Einfluss:
Analog zu den Methan/Ethan-Binärgasen beschleunigt die Zumischung von Propan den Selbstzündungsprozess. Aufgrund der geringeren Bindungsenergie der sekundären $C-H$ Bindung des Propan-Moleküls kann die H-Atom-Abstraktion als initialer Schritt der Kettenreaktion schneller ablaufen. Eine Erhöhung des Propan-Anteils führt daher wie in Abbildung 4.7 dargestellt zu einer Verkürzung der Zündverzugszeit. Im Gegensatz zu Ethan zeigt sich die

beschleunigende Wirkung auch im niedrigen Temperaturbereich wo sich für höhe Propan-Zumischungen ein NTC-Bereich andeutet. Der charakteristische Verlauf verschiebt sich mit höheren Drücken hin zu höheren Temperaturen. Allerdings sei angemerkt, dass der Stoffmengenanteil an Propan in natürlich vorkommendem Erdgas üblicherweise nicht mehr als 4 % beträgt.

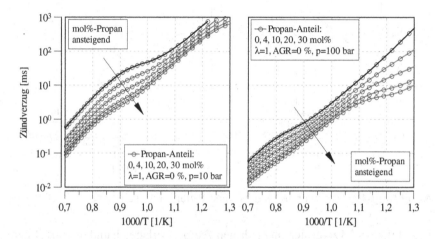

Abbildung 4.7: Zündverzug von Methan/Propan-Gemischen

Für Temperaturen zwischen 700 K und 900 K (abhängig vom Druck) spielen die komplexen brennstoffspezifische Kettenverzweigungsmechanismen von Propan eine Rolle, wie Sensitivitätsanalysen in Cantera zeigen und wie in [106], [12], [109] und [79] beschrieben ist. Mit zunehmenden Propan-Anteil bauen sich beispielsweise komplexe Reaktionspfade über die (Alkyl-)Peroxid-Radikale CH_3O_2 und $nC_3H_7O_2$ auf.

Im Temperaturbereich >1200 K wird hingegen wiederum die Radikalchemie über die Reaktionen $H_2O_2 + M \longrightarrow 2\,OH + M$, $H + O_2 \longrightarrow O + OH$ und $CH_3 + HO_2 \longrightarrow CH_3O + OH$ geschwindigkeitsbestimmend.

Butan-Einfluss:
Der Butan-Einfluss auf die Zündverzugszeit von Methan wurde für das gerad-kettige n-Butan untersucht. Das dazugehörige Isomer iso-Butan ist zwar eben-so in natürlichem Erdgas vorhanden, allerdings ist der verwendete Mechanis-

mus für n-Butan ausgelegt und der Unterschied beider Isomere im Zündverhalten für den motorischen Druckbereich gemäß [41] vernachlässigbar.

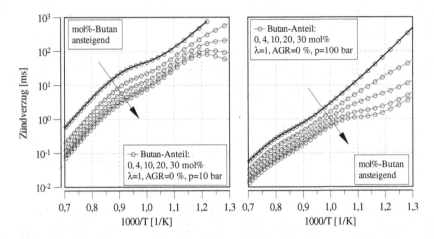

Abbildung 4.8: Zündverzug von Methan/Butan-Gemischen

In Abbildung 4.8 zeigt sich im niedrigen Temperaturbereich und für eine Butan-Anteil von 30 mol% der für höhere Kohlenwasserstoffe charakteristische NTC-Bereich, der sich mit zunehmenden Druck in Richtung höherer Temperaturen verschiebt. Prinzipiell dominiert bei der Oxidation von Methan/n-Butan-Gemischen das reaktive n-Butan den Ablauf des Selbstzündungsprozesses, was zu einer Verkürzung der Zündverzugszeit führt.

Schon bei 10 mol% Butan-Zumischung wird die Reaktionschemie über $nC_4H_{10} + HO_2 \longrightarrow sC_4H_9 + H_2O_2$ und $nC_4H_{10} + CH_3O_2 \longrightarrow sC_4H_9 + CH_3O_2H$ durch das n-Butan Molekül kontrolliert. Ausgehend von der H-Atom-Abstraktion erfolgt der Verbrauch von n-Butan im Wesentlichen über zwei unterschiedliche Reaktionspfade, in deren Verlauf ein Olefin (C_2H_4 bzw. C_3H_6) gebildet wird. [44][42]

Wasserstoff-Einfluss:
Wasserstoff besitzt spezielle physikalische und chemische Eigenschaften und ist daher gesondert zu betrachten. Ähnlich zu den Beobachtungen bei den Methan/Ethan-Gemischen, ist der Einfluss einer Wasserstoffbeimischung im

Niedertemperaturbereich gering und der Zündverzugs verkürzt sich selbst bei höheren Wasserstoffanteilen von 30 mol% nur unmerklich. Aus Abbildung 4.9 geht außerdem hervor, dass Wasserstoff für hohe Drücke und Temperaturen <800 K sogar verlangsamend auf den Selbstzündungsprozess wirkt und der Zündverzug mit zunehmenden Wasserstoffanteil leicht ansteigt. Erst im mittleren und hohen Temperaturbereich ist eine Verkürzung der Zündverzugszeit sichtbar, die im Vergleich zu Methan/Ethan-Gemischen mit gleichem Stoffmengenverhältnis geringer ausfällt.

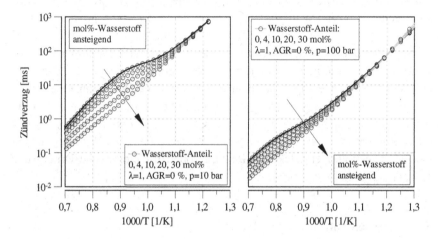

Abbildung 4.9: Zündverzug von Methan/Wasserstoff-Gemischen

Mit zunehmenden Wasserstoffgehalt des Binärgases, werden im Vergleich zur Methan-Niedertemperaturchemie die Reaktionen $H_2 + OH \longrightarrow H + H_2O$ und $CH_3O_2 + H_2 \longrightarrow CH_3O_2H + H$ geschwindigkeitsbestimmend. Durch die erste Reaktion wird das reaktive OH-Radikal verbraucht, wodurch der Zündprozess gehemmt wird und das Verhalten in Abbildung 4.9 erklärt werden kann. Die Reaktion des Methyl-Peroxid-Radikals wirkt dagegen beschleunigend, da hierdurch ein H-Radikal entsteht.

Bei einer Temperatur von 1200 K kehrt sich der Effekt der Reaktion $H_2 + OH \longrightarrow H + H_2O$ um, da die OH-Bildung über $H + O_2 \longrightarrow O + OH$ wichtig wird und die Erhöhung der H-Konzentration eine Erhöhung der OH-Konzentration mit sich führt. Durch die mit zunehmenden Wasserstoff-Anteil verminderte CH_3-Konzentration, nimmt auch die Bedeutung der Kettenabbruchreaktion $CH_3 + HO_2 \longrightarrow CH_4 + O_2$ und $2\,CH_3(+M) \rightleftharpoons C_2H_6(+M)$ ab, was wiederum den Zündverzug verkürzt.

4.3 Modellierungsansatz

Für die 0D/1D-Arbeitsprozessrechnung ist die detaillierte Reaktionskinetik aus Rechenzeitgründen unpraktikabel und die Verwendung phänomenologischer Ansätze und approximierter Zündverzugszeiten zielführend. Wie die gängigsten Klopfmodellierungsansätze aus der Literatur stützt sich der hier verwendete Ansatz auf die Formulierung eines integralen Zündverzugs. Die darin eingehenden Zündverzugszeiten wurden auf Basis der Reaktionskinetikrechnungen aus dem vorhergehenden Kapitel 4.2 mit einem erweiterten Arrhenius-Ansatz unter Berücksichtigung unterschiedlicher Temperaturregimes approximiert. Zudem wurde die Vorhersagefähigkeit des Livengood-Wu Integrals mit einem eigens dafür entwickelten Reaktormodell für motorische Druck- und Temperaturbereiche überprüft.

4.3.1 Approximation des Zündverzugs

In der Klopfmodellierung ist eine einfache Arrhenius-Gleichung, wie in Gl. 4.4 dargestellt, zur mathematischen Beschreibung der Zündverzugszeit gebräuchlich. Sie ist vom Arrhenius-Gesetz abgeleitet und beinhaltet den Einfluss von Druck und Temperatur. Über zumeist 3 Abstimmparameter lassen sich die einzelnen Einflüsse kalibrieren und auf die Messdatenbasis abstimmen. Um weitere motorische Einflussgrößen abzubilden, wurde die Basisgleichung wie in Gl. 4.9 erweitert. Durch die zusätzlichen Terme gehen die AGR-Rate und das Luft-Kraftstoff-Verhältnis direkt in die Berechnung mit ein.

$$\tau = A \cdot \left(\frac{p}{100\,bar}\right)^{\alpha} \cdot \lambda^{\beta} \cdot (1 - x_{AGR})^{\gamma} \cdot exp\left(\frac{E_A}{R \cdot T}\right) \qquad \text{Gl. 4.9}$$

Der Kraftstoffeinfluss ist komplex und wurde durch Anpassung der Aktivierungsenergie E_A und des Vorfaktors A abgebildet. Das ist notwendig, da sich der Temperatureinfluss auf die Selbstzündung in Abhängigkeit der Kraftstoffzusammensetzung verändert. Ebenso war es erforderlich den Zündverzug für mehrere Temperaturregimes zu modellieren, da sich mit einem einfachen Arrhenius-Ansatz der nichtlineare Kurvenverlauf in der logarithmischen Darstellung (siehe bspw. Abbildung 4.10) nicht realisieren ließe. Um die Gleichungen für die einzelnen Temperaturbereiche zu verknüpfen, wurde mit Gl. 4.10 ein Gleichungsansatz wie in Weisser [105] verwendet. Die Indizes beziehen sich auf die jeweiligen Temperaturregimes. τ_1 und τ_2 bilden den Nieder- und Mitteltemperaturbereich ab, während sich τ_3 auf den Hochtemperaturbereich bezieht. Die Grenzen der Regimes variieren je nach Druck und Kraftstoffzusammensetzung und lassen sich daher nicht zu einheitlichen Wertebereichen zusammenfassen.

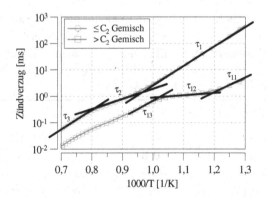

Abbildung 4.10: Temperaturregimes

$$\tau = \left(\frac{1}{\tau_1 + \tau_2} + \frac{1}{\tau_3} \right)^{-1} \qquad \text{Gl. 4.10}$$

Aufgrund der im Niedertemperaturbereich dominierenden kraftstoffspezifischen Chemie unterscheiden sich die Zündverzugskurven der höherkettigen Kohlenwasserstoffe Propan und Butan deutlich im Vergleich zu C1-C2 Kraftstoffen. Um eine möglichst genaue Approximation zu gewährleisten, wurde die Zündverzugszeit im Niedertemperaturregime τ_1 für Methan/Propan- und Methan/Butan-Gemische nochmals wie Gl. 4.11 unterteilt.

$$\tau_1 = \left(\frac{1}{\tau_{11} + \tau_{12}} + \frac{1}{\tau_{13}} \right)^{-1} \qquad \text{Gl. 4.11}$$

Die Abstimmungsparameter wurden mit der Least-Squares-Methode[4] für jedes Temperaturregime rechnerisch angepasst. Die Optimierung wurde für einen Druck bis zu 180 bar und für Temperaturen bis ca. 1200 K durchgeführt.

Methan und Binärgase

In Tabelle 4.2 sind die auf Methan abgestimmten Parameter der Basisgleichung Gl. 4.11 aufgeführt. Die Werte wurden für die Regimes τ_1, τ_2 und τ_3 separat bestimmt und sind als Kalibrierungsfaktoren der globalen Einschritt-Reaktion zu sehen. Ein Vergleich mit aus der Literatur entnommenen Zahlenwerten für bspw. Aktivierungsenergien von Elementarreaktionen ist daher nicht möglich.

Tabelle 4.2: Arrhenius-Parameter für Methan

Parameter	τ_1	τ_2	τ_3
A_{CH_4}	$2,63 \cdot 10^{-8}$	$0,03$	$1,09 \cdot 10^{-8}$
α_{CH_4}	$-0,8$	$-1,75$	$-0,87$
β_{CH_4}	$0,63$	$0,5$	$0,2$
γ_{CH_4}	$-0,7$	$-1,86$	$-1,37$
$\frac{E_{A,CH_4}}{R}$	$1,82 \cdot 10^4$	$3,14 \cdot 10^3$	$2,23 \cdot 10^4$

Bei Gegenüberstellung der Approximation mit den Ergebnissen der Reaktionskinetikrechnungen in den Abbildungen 4.11 und 4.12 zeigt sich eine gute Übereinstimmung der Zündverzugskurven.

---

[4]Die Least-Squares-Methode ist ein statistisches Analyseverfahren, das für die näherungsweise Lösung überbestimmter Systeme verwendet wird und auf einer Minimierung der Summe der Fehlerquadrate basiert. [68]

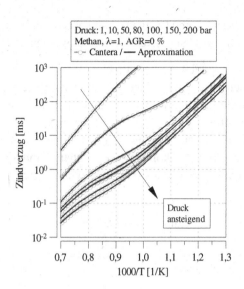

Abbildung 4.11: Approximation Methan - Druckeinfluss

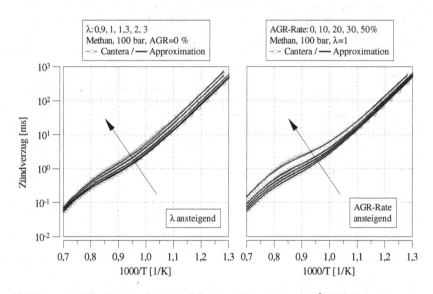

Abbildung 4.12: Approximation Methan - Restgas- und λ-Einfluss

Der Einfluss von Druck, λ und Restgasgehalt kann somit im dargestellten Temperaturbereich mit hoher Genauigkeit abgebildet werden.
Wie im vorherigen Kapitel 4.2.3 beschrieben, weicht die Reaktionskinetik höherer Kohlenwasserstoffe von Methan ab. Um weitere Kraftstoffspezies zu berücksichtigen, wurde die Approximation angepasst und die Fit-Parameter A und E_A je nach Stoffmengenanteil an Ethan, Propan, Butan und Wasserstoff kalibriert. Die Werte können Tabelle 4.3, 4.4, 4.5 und 4.6 entnommen werden. Ausgehend von der Primärgaskomponente Methan, kann so der Zündverzug von Binärgasgemischen mit bis zu 40 mol% Sekundärgasanteil berechnet werden.

Tabelle 4.3: Parameter für Ethan-Zumischungen

Regime τ_1:

$$A_1 = A_{1,CH_4} \cdot \left(0,55 \cdot exp(-2,16 \cdot x_{C_2H_6}) + 0,45 \cdot exp(0,07 \cdot x_{C_2H_6})\right)$$
$$\frac{E_{A,1}}{R} = \frac{E_{A,1,CH_4}}{R}$$

Regime τ_2:

$$A_2 = A_{2,CH_4} \cdot \left(0,61 \cdot exp(-25,93 \cdot x_{C_2H_6}) + 0,39 \cdot exp(-6,05 \cdot x_{C_2H_6})\right)$$
$$\frac{E_{A,2}}{R} = \frac{E_{A,2,CH_4}}{R}$$

Regime τ_3:

$$A_3 = A_{3,CH_4} \cdot \left(0,53 \cdot exp(-10,83 \cdot x_{C_2H_6}) + 0,47 \cdot exp(-1,39 \cdot x_{C_2H_6})\right)$$
$$\frac{E_{A,3}}{R} = \frac{E_{A,3,CH_4}}{R}$$

Tabelle 4.4: Parameter für Wasserstoff-Zumischungen

Regime τ_1:

$$A_1 = A_{1,CH_4} \cdot (0,55 \cdot exp(-2,16 \cdot x_{H_2}) + 0,45 \cdot exp(0,72 \cdot x_{H_2}))$$
$$\frac{E_{A,1}}{R} = \frac{E_{A,1,CH_4}}{R}$$

Regime τ_2:

$$A_2 = A_{2,CH_4} \cdot (0,63 \cdot exp(-50,75 \cdot x_{H_2}) + 0,37 \cdot exp(-17,23 \cdot x_{H_2}))$$
$$\frac{E_{A,2}}{R} = \frac{E_{A,2,CH_4}}{R} \cdot (-0,75 \cdot exp(-11 \cdot x_{H_2}) + 1,75 \cdot exp(1,12 \cdot x_{H_2}))$$

Regime τ_3:

$$A_3 = A_{3,CH_4} \cdot (30,66 \cdot exp(-3,84 \cdot x_{H_2}) - 29,66 \cdot exp(-3,93 \cdot x_{H_2}))$$
$$\frac{E_{A,3}}{R} = \frac{E_{A,3,CH_4}}{.R}$$

Tabelle 4.5: Parameter für Propan-Zumischungen

Regime τ_1:

$$A_{11} = A_{1,CH_4} \cdot (0,91 \cdot exp(-38,41 \cdot x_{C_3H_8}) + 0,09 \cdot exp(-1,182 \cdot x_{C_3H_8}))$$
$$\frac{E_{A,11}}{R} = \frac{E_{A,1,CH_4}}{R} \cdot (0,05 \cdot exp(-29,65 \cdot x_{C_3H_8}) + 0,95 \cdot exp(-0,05 \cdot x_{C_3H_8}))$$
$$A_{12} = 1899 \cdot x_{C_3H_8}{}^{2,85} \text{ (mit A<2)}$$
$$\frac{E_{A,12}}{R} = 7437 \cdot exp(-87,56 \cdot x_{C_3H_8}) + 6316 \cdot exp(-10,53 \cdot x_{C_3H_8})$$
$$A_{13} = 1,51 \cdot 10^{-8} \cdot exp(-17,93 \cdot x_{C_3H_8}) + 1,5 \cdot 10^{-8} \cdot exp(-1,529 \cdot x_{C_3H_8})$$
$$\frac{E_{A,13}}{R} = \frac{E_{A,1,CH_4}}{R}$$

Regime τ_2:

$$A_2 = A_{2,CH_4} \cdot (0,7 \cdot exp(-21,25 \cdot x_{C_3H_8}) + 0,3 \cdot exp(-2,54 \cdot x_{C_3H_8}))$$
$$\frac{E_{A,2}}{R} = \frac{E_{A,2,CH_4}}{R}$$

Regime τ_3:

$$A_3 = A_{3,CH_4} \cdot (0,45 \cdot exp(-16,81 \cdot x_{C_3H_8}) + 0,55 \cdot exp(-0,12 \cdot x_{C_3H_8}))$$
$$\frac{E_{A,3}}{R} = \frac{E_{A,3,CH_4}}{R} \cdot (0,06 \cdot exp(-6,55 \cdot x_{C_3H_8}) + 0,94 \cdot exp(-0,04 \cdot x_{C_3H_8}))$$

Tabelle 4.6: Parameter für Butan-Zumischungen

Regime τ_1:

$$A_{11} = A_{1,CH_4} \cdot \left(0,97 \cdot exp(-78,75 \cdot x_{C_4H_{10}}) + 0,03 \cdot exp(-1,953 \cdot x_{C_4H_{10}})\right)$$

$$\frac{E_{A,11}}{R} = \frac{E_{A,1,CH_4}}{R} \cdot \left(0,05 \cdot exp(-39,53 \cdot x_{C_4H_{10}}) + 0,95 \cdot exp(-0,007 \cdot x_{C_4H_{10}})\right)$$

$$A_{12} = 2589 \cdot x_{C_4H_{10}}{}^{2,87} \text{ (mit A<2)}$$

$$\frac{E_{A,12}}{R} = 5438 \cdot exp(-259,5 \cdot x_{C_4H_{10}}) + 9785 \cdot exp(-23,84 \cdot x_{C_4H_{10}})$$

$$A_{13} = 1,91 \cdot 10^{-8} \cdot exp(-26,3 \cdot x_{C_4H_{10}}) + 1,13 \cdot 10^{-8} \cdot exp(-0,14 \cdot x_{C_4H_{10}})$$

$$\frac{E_{A,13}}{R} = \frac{E_{A,1,CH_4}}{R}$$

Regime τ_2:

$$A_2 = A_{2,CH_4} \cdot \left(0,74 \cdot exp(-23,51 \cdot x_{C_4H_{10}}) + 0,26 \cdot exp(-1,18 \cdot x_{C_4H_{10}})\right)$$

$$\frac{E_{A,2}}{R} = \frac{E_{A,2,CH_4}}{R}$$

Regime τ_3:

$$A_3 = A_{3,CH_4} \cdot \left(0,53 \cdot exp(-7,93 \cdot x_{C_4H_{10}}) + 0,47 \cdot exp(-0,3 \cdot x_{C_4H_{10}})\right)$$

$$\frac{E_{A,3}}{R} = \frac{E_{A,3,CH_4}}{R} \cdot \left(0,06 \cdot exp(-25,83 \cdot x_{C_4H_{10}}) + 0,94 \cdot exp(-0,004 \cdot x_{C_4H_{10}})\right)$$

In Abbildung 4.13 sind die approximierten Zündverzugskurven der Binärgase den in Cantera berechneten Werten gegenübergestellt.

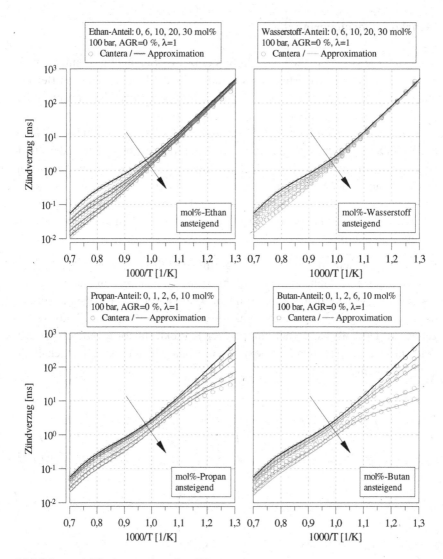

Abbildung 4.13: Approximation Binärgase

Mehrkomponentengemische

Bisher wurde ausschließlich der Einfluss einzelner Sekundärgaskomponenten auf den Zündverzug von Methan modelliert. Für die Übertragung des Berechnungsansatzes auf reale Erdgase und andere Mehrkomponentengemische müssen die jeweiligen Einflüsse zusammengefasst werden. Setzt man voraus, dass sich der gegenseitige Einfluss der Zumischkomponenten vernachlässigen lässt und es im Sinne einer Superposition keine Quereffekte gibt, lässt sich der Zündverzug für ein methanbasiertes Erdgasgemisch wie in Gl. 4.12 formulieren. Der Molanteil jeder Spezies wird wie in Gl. 4.14 berechnet und somit stets auf das jeweilige Binärgas mit Methan als Primärkomponente bezogen. Die getroffenen Annahmen und der daraus abgeleitete Ansatz werden nachfolgend noch rechnerisch überprüft.

Erdgase mit hohem Methananteil und geringen Stoffmengenanteilen an Ethan, Propan und Butan können mit dem Mehrkomponentenansatz mit hoher Genauigkeit modelliert werden. Mit steigendem Anteil an $>C_2$-Komponenten nimmt die Abweichung im Vergleich zu reaktionskinetisch bestimmten Zündverzugszeiten zu. Deshalb wurde ein empirischer Korrekturfaktor e_1 eingeführt, der den (starken) Propan- und Butaneinfluss in Abhängigkeit vom Ethangehalt abschwächt (siehe Gl. 4.13).

$$\tau_{NG} = \left(\frac{\tau_{CH_4/C_2H_6}}{\tau_{CH_4}} \cdot \left(\frac{\tau_{CH_4/C_3H_8}}{\tau_{CH_4}} \right)^{e_1} \cdot \left(\frac{\tau_{CH_4/C_4H_{10}}}{\tau_{CH_4}} \right)^{e_1} \cdot \frac{\tau_{CH_4/H_2}}{\tau_{CH_4}} \right) \cdot \tau_{CH_4}$$

$$\text{Gl. 4.12}$$

$$e_1 = 1 - x_{C_2H_6}^{0,35} \qquad \text{Gl. 4.13}$$

$$x_{BG,C_xH_y} = \frac{x_{C_xH_y}}{x_{C_xH_y} + x_{CH_4}} \qquad \text{Gl. 4.14}$$

Durch die multiplikative Verknüpfung der einzelnen Zündverzugszeiten verschiebt sich die Basis-Zündverzugskurve für Methan, wie exemplarisch in der logarithmischen Darstellung in Abbildung 4.14 gezeigt. Kommt eine der vier

Spezies nicht im zu modellierenden Erdgas vor, nimmt der dazugehörige Gleichungsterm den Wert 1 ein und hat dadurch keinen Einfluss auf die Zündverzugszeit des Gasgemischs τ_{NG}.

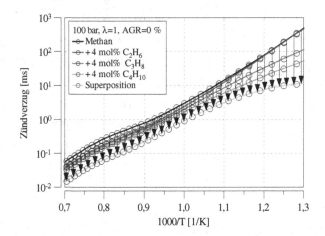

Abbildung 4.14: Modellierungsansatz für Mehrkomponentengemische

Mit dem Ziel den Gleichungsansatz für ein breites Spektrum unterschiedlicher Erdgaskompositionen zu validieren, wurden verschiedene Mehrkomponentengemische bis zu einer minimalen Methanzahl von MZ60 untersucht. Ausgehend von einem Realgas wurde jeweils der Anteil an Ethan, Propan und Butan verändert, während das Mol-Verhältnis der nicht variierten Spezies konstant gehalten wurde. Die genauen Gaszusammensetzungen und dazugehörigen Methanzahlen können Tabelle 4.7 entnommen werden.

In Abbildung 4.15 und Abbildung 4.16 sind die Ergebnisse der Approximation für 10 bar und für 100 bar dargestellt. Für beide Drücke ergibt sich eine gute Übereinstimmung im Vergleich zu den reaktionskinetisch bestimmten Zündverzugszeiten. Im Temperaturbereich <1000 K liegen die Kurven für die Ethan- und Propan-Variation (①, ②, ③ und④) sehr eng beieinander, während es für das Mehrkomponentengemisch Nr. ⑥ (mit einer sehr niedrigen Methanzahl MZ60) zu einer sichtbaren Verkürzung der Zündverzugszeit kommt. Beides kann durch den Ansatz abgebildet werden.

Tabelle 4.7: Untersuchte Mehrkomponentengemische

Bezeichnung	MZ [-]	Zumischkomponente [mol%]			
		CH_4	C_2H_6	C_3H_8	C_4H_{10}
Realgas	70	0,8959	0,0634	0,0279	0,0128
①	73	0,9270	0,0309	0,0289	0,0132
②	63	0,8029	0,1606	0,0250	0,0115
③	77	0,9216	0,0652	0	0,0132
④	67	0,8810	0,0624	0,0441	0,0126
⑤	77	0,9075	0,0642	0,0283	0
⑥	60	0,8681	0,0614	0,0270	0,0434

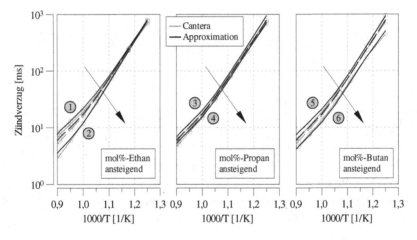

Abbildung 4.15: Approximation Mehrkomponentengemische 10 bar

Zur weiteren Validierung wurde die Approximation auf drei typische Real-gaszusammensetzungen und ein Netzgas (siehe Tabelle 5.2) angewendet und die Ergebnisse für motorische Randbedingungen überprüft. In Abbildung 4.17 ist die prozentuale Abweichung der Zündverzugszeit abhängig von Druck- und Temperatur zu sehen. Die weißen Kurven stellen den charakteristischen Brennraumdruck- und Endgastemperaturverlauf dar, der während eines Ar-

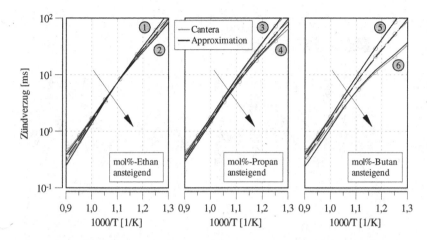

Abbildung 4.16: Approximation Mehrkomponentengemische 100 bar

beitsspiels in der Volllast (Methan, Versuchsrandbedingungen in Kapitel 5.1 beschrieben) durchlaufen wird. Für die drei Realgase mit hohem Methangehalt (und hoher rechnerischer Methanzahl > MZ80) ist der Fehler gering und im relevanten Bereich stets < 5 %. Die Zündverzugszeit des Quasi-Realgases LNG wird im Bereich der maximalen Endgastemperatur leicht unterschätzt und der Fehler steigt hier auf etwas mehr als 10 % an.

Durch die vereinfachte Vernachlässigung des (Kraftstoff-)Inertgasanteils entsteht kein zusätzlicher Fehler. Sowohl die Zündverzugszeiten für das Erdgas L mit einem hohen Stoffmengenanteil > 10 mol% an Inertgas, als auch für das Erdgas H mit Anteilen an Kohlenstoffdioxid und Stickstoff, können mit hoher Ergebnisgüte abgebildet werden.

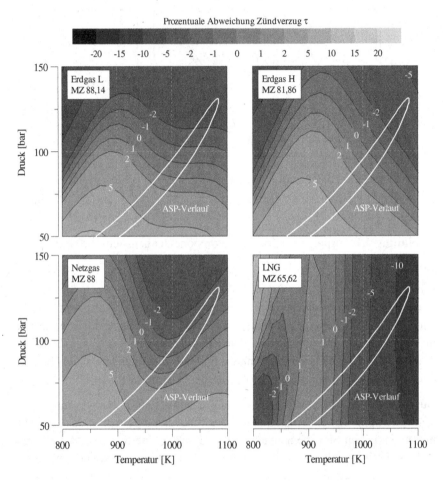

Abbildung 4.17: Approximation Mehrkomponentengemische

4.3.2 Livengood-Wu-Integral

Das hier vorgestellte Klopfmodell basiert auf dem im Stand der Technik bereits vorgestellten LW-Integral (siehe Kapitel 4.1, Gleichung Gl. 4.3), mit dem der Reaktionsfortschritt des Selbstzündungsprozesses vorhergesagt werden kann.

Der integrale Ansatz bietet in Kombination mit den approximierten Zündverzugszeiten den Vorteil geringer Rechenzeiten, was insbesondere für Anwendung in der 0D/1D-Simulation relevant ist. Für die prädiktive Motorprozessrechnung muss jedoch überprüft werden, inwieweit sich der vereinfachte, auf eine globale Einschrittreaktion stützende Ansatz auf das hoch instationäre System „Brennraum"mit veränderlichen Druck- und Temperaturrandbedingungen übertragen lässt.

Für die Validierung wurde der in Kapitel 4.2.1 vorgestellte Cantera-Reaktor mit $V = konst.$ wie in Abbildung 4.18 modifiziert. Im realen Motor wird das unverbrannte Gemisch durch Kolbenbewegung und reguläre Verbrennung komprimiert und expandiert, was in Cantera durch ein sog. „Wall-Object" modelliert werden kann [30]. Die Geschwindigkeit der Reaktorwand v_{Wand} kann in Abhängigkeit der Volumenänderungsrate dV_{uv} des unverbrannten Gemischs berechnet werden (siehe Gleichung Gl. 4.15), die mithilfe einer 2-zonigen Druckverlaufsanalyse eines repräsentativen Arbeitsspiels an der Klopfgrenze ermittelt wurde. Gemäß der Annahme, dass während der Verbrennung Masse der unverbrannten Zone in die verbrannte Zone wandert, wurde dem System ein Massenstrom dm_{uv} aufgeprägt. Durch zusätzliche Berücksichtigung der (Wand-)wärmeverluste $dQ_{W,uv}$ kann der durch die DVA vorgegebene Druck- und Temperaturverlauf im Reaktor nachgebildet werden.

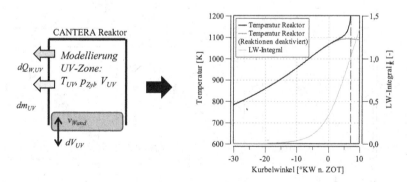

Abbildung 4.18: Cantera-Reaktor zur Validierung LW-Integral

$$\frac{dV}{dt} = \sum_w \pm A_w v_w(t)$$

Gl. 4.15

Mit dem modifizierten Reaktormodell wurden jeweils 500 Arbeitsspiele für die Drehzahlen 1500 U/min, 2000 U/min und 3000 U/min in Cantera nachgerechnet und die reaktionskinetisch bestimmten Selbstzündungszeitpunkte mit den Ergebnissen des LW-Integrals verglichen. Die Ergebnisse des Vergleich sind in Abbildung 4.19 dargestellt (Methan, $\lambda = 1$, AGR-Rate = 0 %). Zyklische Schwankungen, die durch eine Einzelarbeitsspiel-Druckverlaufsanalyse berücksichtigt werden, führen für jeden der drei Betriebspunkte zu einer unterschiedlichen Druck- und Temperaturhistorie und damit zu einem Streuband des Selbstzündungszeitpunks von rund 10°KW. Auf der y-Achse sind die durch das LW-Integral vorhergesagten Selbstzündungszeitpunkte, definiert durch $I_K = 1$, aufgetragen. Zur Differenzierung einer möglichen Abweichung wurde die Berechnung sowohl mit approximierten, als auch reaktionskinetisch bestimmten Zündverzugszeiten aus einer Lookup-Tabelle durchgeführt.

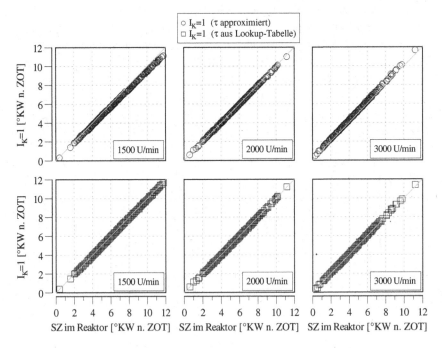

Abbildung 4.19: Vorhersagefähigkeit LW-Integral

Für alle drei Drehzahlen ergibt sich mit dem LW-Integral und den Zündverzugszeiten aus der Lookup-Tabelle eine nahezu perfekte Übereinstimmung mit dem Selbstzündungszeitpunkt im Reaktor, der analog zum Konstantvolumen-Reaktor über ein Temperaturkriterium bestimmt wurde. Bei Verwendung der Approximation zeigt sich, dass das Integral den Zündzeitpunkt für 1500 U/min tendenziell zu früh und für 3000 U/min zu spät vorhersagt. Die Tendenz wird umso deutlicher, je später der Selbstzündungszeitpunkt eintritt. Es ist anzunehmen, dass der Fehler in Zusammenhang mit der unterschiedlichen Ergebnisgüte der Approximation für verschiedene Temperaturbereiche steht, da sich mit den Zündverzugszeiten aus der Lookup-Tabelle eine perfekte Übereinstimmung erzielen lässt. Trotzdem kann konstatiert werden, dass sich das LW-Integral in Kombination mit approximierten Zündverzugszeiten hervorragend für die Vorhersage des Selbstzündungszeitpunktes unter motorprozessähnlichen Druck- und Temperaturrandbedingungen eignet.

Die Beobachtungen decken sich mit denen von Hernández et al. [46], die in ihrer Arbeit verschiedene Kraftstoffkomponenten untersuchten und die Selbstzündung für Methan, Wasserstoff und Ethanol mit hoher Genauigkeit vorhersagen konnten. Für n-Heptan mit einem ausgeprägtem NTC-Bereich konnte das LW-Integral jedoch keine guten Ergebnisse liefern, was auf die Zweistufenzündung der höherkettigen Kohlenwasserstoffe zurückzuführen ist. Kommt es während des Zündprozesses zu einer Wärmefreisetzung im Niedertemperaturbereich (Bereich der kalten Flammen, „cool flame regime"), kann dies wie in den Arbeiten von Fandakov [24] [25] und Pan [72] durch ein zweistufiges LW-Integral abgebildet werden. Für Erdgase und allg. methanbasierte Kraftstoffe ist jedoch der vorgestellte einstufige Ansatz ausreichend, da selbst bei Zumischungen von höherkettigen Komponenten im relevanten Temperaturbereich keine Zweistufenzündung beobachtet werden konnte.

4.4 Übertragung auf die Motorprozessrechnung

Auf den vorangehenden Seiten wurde auf Grundlage detaillierter Reaktionskinetikrechnungen ein Modellierungsansatz abgeleitet und dessen Eignung für methanbasierte Kraftstoffe unterschiedlicher Zusammensetzung nachgewiesen.

Das vorgestellte Modell ist jedoch kein Klopfmodell und die Validierung un-
vollständig, da bisher lediglich die Vorhersagefähigkeit im Bezug auf Selbstzündungsprozess im Cantera-Reaktor überprüft wurde. Geht man weg vom
homogenen System und hin zum realen Motor, ergeben sich für die Prädiktion
von motorischem Klopfen zwei grundlegende Fragestellungen:

1. Ist ein Ansatz auf Basis eines Zündintegrals für die Vorhersage der Klopfgrenze ausreichend und wie unterscheidet man ggf. zwischen „kritischen"
   Selbstzündungen, die Motorklopfen induzieren und einer moderaten Selbstzündung, die zu keinerlei Schwingungen im Endgas führt?

2. Ist ein quasidimensionales Verbrennungsmodell in der Lage den thermodynamischen Endgaszustand so (genau) zu beschreiben, dass auch eine quantitative Vorhersage des Selbstzündungszeitpunkts möglich ist? Welche Rolle spielen in diesem Zusammenhang reale Zyklenschwankungen und die
   durch Gemischinhomogenitäten hervorgerufenen Temperaturfluktuationen
   im Endgas und wie können diese in der Modellierung berücksichtigt werden?

Die Antworten der Fragen lassen sich in erster Linie im „physikalischen" Teil
des Motorklopfens finden, während die Chemie der Selbstzündung und der
reaktionskinetische Einfluss verschiedener Kraftstoffkomponenten in diesem
Kapitel ausführlich behandelt wurde. Im nachfolgenden Teil sollen der Modellierungsansatz auf reale Motormessungen im Klopfbetrieb angewendet und die
Problemstellungen erörtert werden.

5 Anwendung auf Messdaten

Die im vorangehenden Kapitel beschriebenen Modellierungsansätze wurden mit Messdaten von einem Einzylinder-Prüfstand aus dem FVV-Projekt „Methan-Kraftstoffe: Potenzialstudie und Kennzahlen" [83] validiert. Durch Betrachtung von selbstzündungsbehafteten Einzelzyklen wurde überprüft, ob mit dem LW-Integral eine Vorhersage des Selbstzündungszeitpunkts auch unter Realbedingungen möglich ist. Anschließend wurde das anhand von arbeitsspielgemittelten Brennverläufen aus einer Druckverlaufsanalyse kalibrierte Entrainment-Modell zusammen mit dem Klopfmodellierungsansatz in eine 0D/1D Simulationsumgebung eingebettet. Für unterschiedliche Parametervariationen wurde die in der Simulation vorhergesagte Klopfgrenze den experimentellen Ergebnissen gegenübergestellt um damit die Vorhersagefähigkeit der Modellierungsansätze zu beurteilen.

5.1 Versuchsaufbau und Vorgehen

Für die Klopfexperimente wurde ein kurzhubiges Einzylinderaggregat mit Saugrohreinblasung verwendet. Das Aggregat der Firma Daimler wurde im Bereich von Pleuel und Kolben verstärkt und ist dadurch spitzendruckfest bis 160 bar. Durch das im Vergleich zu konventionellen Benzinmotoren ungewöhnlich hohe Verdichtungsverhältnis und die mit 65°C unüblich hohe Ladelufttemperatur ist ein klopfender Betrieb auch für sehr klopffeste Gase mit hohem Methananteil möglich. Um Thermoschockeffekte auf die Druckindizierung zu minimieren, wurden wassergekühlte Quarzdrucksensoren der Firma Kistler verwendet. Die wichtigsten Spezifikationen von Motor und Prüfstandsumgebung sind in Tabelle 5.1 aufgeführt. Eine genaue Beschreibung der Versuchsumgebung findet sich in [82] und [83].

Die Klopffestigkeit der untersuchten Gase wurde durch eine Zündwinkelvariation bestimmt. Der Zündzeitpunkt wurde ausgehend vom nicht klopfenden

© Der/die Autor(en), exklusiv lizenziert durch
Springer Fachmedien Wiesbaden GmbH, ein Teil von Springer Nature 2021
L. Urban, *Modellierung der klopfenden Verbrennung methanbasierter Kraftstoffe*, Wissenschaftliche Reihe Fahrzeugtechnik Universität Stuttgart,
https://doi.org/10.1007/978-3-658-32918-1_5

Tabelle 5.1: Motor- und Versuchsspezifikationen

Motorspezifikation	
Zylinder	1
Hub	86 mm
Bohrung	92,9 mm
Hubvolumen	583 ccm
Verdichtungsverhältnis	13,03
max. Spitzendruck	160 bar
Versuchsrandbedingungen	
Luft-Kraftstoff-Verhältnis	1
Ladedruck (absolut)	2 bar
Ladedlufttemperatur	338,15 K
Abgasgegendruck (absolut)	2 bar
Drehzahl	1500, 2000 und 3000 U/min
Kühlmitteltemperatur (konditioniert)	353,15 K
Öltemperatur (konditioniert)	353,15 K

Betrieb soweit nach „früh" verstellt, bis 5 % der für jeden Betriebspunkt aufgezeichneten Arbeitsspiele durch das Klopfkriterium als klopfend eingestuft
wurden. Da es schwierig ist die 5%-Grenze am Prüfstand exakt einzustellen,
wurden die gemessenen Klopfhäufigkeiten über der dazugehörigen Schwerpunktlage (U50%) dargestellt und analog zur Vorgehensweise in [82] mit einer
Regressionskurve der Form Gl. 5.1 beschrieben (siehe Abbildung 5.1). Der so
interpolierte U50%-Wert für eine Klopfhäufigkeit von 5 % wird nachfolgend
auch als „Klopfgrenze" bezeichnet.

$$KH = a \cdot e^{b \cdot U50\%} \qquad \text{Gl. 5.1}$$

Neben einem analysierten Netzgas aus dem Leitungsnetz, wurden Realgase der
Qualitäten „H" und „L" und ein LNG-Äquivalenzgemisch, das in Anlehnung
an eine typische LNG-Zusammensetzung synthetisch gemischt wurde, untersucht. Die genauen Zusammensetzungen können Tabelle 5.2 entnommen wer-

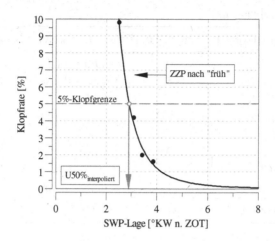

Abbildung 5.1: Bestimmung der U50%-Lage an der 5%-Klopfgrenze

den. Durch den unterschiedlichen Anteil an höheren Kohlenwasserstoffen ergibt sich eine große Spreizung der Methanzahl und der zu erwartenden Klopffestigkeit im Motorbetrieb.

Um den Einfluss einzelner Gaskomponenten auf die Klopffestigkeit im Motor und die Übertragbarkeit der Methanzahl zu untersuchen, wurde im Rahmen des FVV Forschungsvorhabens [83] eine Binärgasmatrix wie in Tabelle 5.3 erstellt. Für jede der drei Realgas-Methanzahlen 65,62, 81,86 und 88,14 wurden methanzahlgleiche Äquivalenzgemische aus Methan und einer ausgewählten Zumischkomponente aus Ethan, Propan, Butan oder Wasserstoff untersucht.[1] ·

---

[1]Das LNG-Äquivalent bestehend aus Methan und Butan kann nicht dargestellt werden, da der hohe Molanteil an C_4H_{10} auskondensieren würde.

Tabelle 5.2: Realgasmatrix

Spezies [mol%]	Erdgas H	Erdgas L	LNG	Netzgas
CH_4	90,51	84,60	81,57	95,13
C_2H_6	5,42	3,18	13,38	3,11
C_3H_8	1,00	0,75	3,67	0,29
nC_4H_{10}	0,25	0,12	0,69	0,04
iC_4H_{10}	-	0,08	-	0,06
C_5-C_6	0,08	0,06	-	0,03
CO_2	1,74	1,57	-	0,64
N_2	1,00	9,65	0,69	0,7
MZ [-]	81,86	88,14	65,62	88

Tabelle 5.3: Binärgasmatrix

MZ [-]	C_2H_6 [mol%]	C_3H_8 [mol%]	C_4H_{10} [mol%]	H_2 [mol%]
88,14	4,6	2,0	1,5	12,9
81,86	7,8	3,4	2,5	19,4
65,62	23,2	10,0	5,8	34,3

5.2 Klopferkennung

Der Algorithmus, der für die Identifizierung von klopfenden Arbeitsspielen verwendet wurde, ist detailliert in [82] und [83] beschrieben und soll hier nur grundlegend erklärt werden. Die Basis für die Erkennung von klopfenden Arbeitspielen (und vorangehender Drucksignalaufbereitung) ist die sog. 2-Fenster-Methode, die von der Firma Siemens-VDO [93] entwickelt wurde und die sich in 4 Schritte aufteilen lässt (siehe Abbildung 5.2).

1. Die Grenze der beiden Auswertefenster wird auf die Position beim Zylinderspitzendruck p_{max} festgelegt

2. Das indizierte Drucksignal in beiden Fenstern wird mit einem Hochpassfilter aufbereitet

3. Der Basiswert des Rauschpegels wird definiert

4. Durch Addition der Teilintegrale in Fenster 1 und in Fenster 2 ergeben sich die Klopfintensitäten KI_1 und KI_2, die anschließend unter Berücksichtigung des Basis-Rauschpegels ins Verhältnis zueinander gesetzt werden. Diese Kenngröße (engl. „knock-ratio") dient dann zur Bewertung der Klopfstärke. Liegt der Wert oberhalb einer festgelegten Grenze (engl. „knock-factor", üblicherweise zwischen 1,5 und 3) wird das Arbeitsspiel als klopfend bewertet.

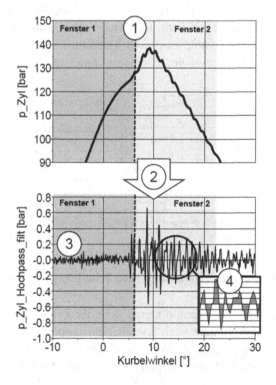

Abbildung 5.2: Vorgehensweise Siemens VDO-Algorithmus [82]

In [82] wurde der VDO-Algorithmus nachgebildet und durch zusätzlich Kriterien erweitert. Mit der Erweiterung ist es möglich auch selbstzündungsbehaftete Arbeitsspiele zu identifizieren, bei denen die Selbstzündung im Endgas nicht zu den charakteristischen Druck- bzw. Brennraumschwingungen führt und die somit mit dem Basisalgorithmus tendenziell als nicht klopfend eingestuft werden würden. Ein solches schwingungsarmes Arbeitsspiel, das vermehrt bei niedrigen Drehzahlen beobachtet werden konnte, ist in Abbildung 5.3 dargestellt. Ebenso dargestellt ist ein arbeitsspielindividuell berechneter Soll-Heizverlauf, der auf einem Polynom dritten Grades basiert und ein ideales nicht klopfendes Arbeitsspiel charakterisiert. Durch Addition der größten positiven $\delta Q1$ und negativen Abweichung $\delta Q2$ des realen Heizverlaufs vom Soll-Heizverlauf ergibt sich sich dann eine maximale Amplitudendifferenz, die ins Verhältnis zum regulären Heizverlaufsmaximum $\delta Q3$ gesetzt wird und als zusätzliche Bewertungsgröße dient. Der Grenzwert für die maximale, relative Amplitudendifferenz wurde empirisch bestimmt und auf $\delta Q_{rel,max} = 0,7$ gesetzt. Für Werte $> 0,7$ wird ein Arbeitsspiel somit als klopfend definiert.

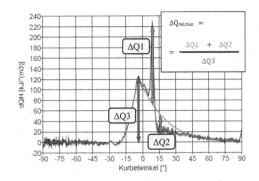

Abbildung 5.3: Heizverlaufskriterium nach Scharlipp [82]

Neben dem Heizverlaufskriterium wurde auch der Zylinderspitzendruck und der maximale Druckgradient nach Klopfbeginn[2] berücksichtigt. Die Grenzwerte wurden hier auf einen Zylinderdruck von 125 bar und einen Mindest-Druckgradienten von 45,04 bar/ms parametriert. Oberhalb dieser Werte wurde

---

[2]Der Klopfbeginn ist hier definiert als Grad Kurbelwinkel, bei dem das Minimum zwischen regulärem und dem durch die Selbstzündung ausgelösten Heizverlaufsmaximum liegt.

das Arbeitsspiel als klopfend eingestuft. Alle Kriterien wurde mit einem logischen „ODER" verknüpft. Um die Erkennung eines klopfenden Arbeitsspiels auszulösen, reicht es somit aus wenn eines der Kriterien erfüllt ist.

5.3 Druckverlaufsanalyse

Die Druckverlaufsanalyse (DVA) bezeichnet die Berechnung des Brennverlaufs aus dem gemessenen Zylinderdrucksignal. Sie dient als standardmäßiges Werkzeug für die Bewertung der motorischen Verbrennung und ermöglicht den Abgleich mit Simulationsrechnungen. In dieser Arbeit wurde stets eine 2-zonige Berechnung durchgeführt, da die Temperatur im Unverbrannten als wichtige Eingangsgröße für die Klopfmodellierung dient. Eine genaue Herleitung der 2-zonigen DVA, ausgehend vom ersten Hauptsatz der Thermodynamik, wird u.a. von Grill [32] und Bargende [2] beschrieben und soll hier nicht aufgeführt werden.

Für die Messdatenauswertung in dieser Arbeit wurde das DVA-Modul des FKFS UserCylinders verwendet und die Zylinderfüllung zunächst mittels gemessenem Luft- und Kraftstoffmassenstrom bestimmt. Der Restgasgehalt wurde durch Bilanzierung der Massenströme im Ladungswechsel im Rahmen einer Ladungswechselanalyse ermittelt. Zusätzlich wurde die Zylindermasse mithilfe einer „100%-Iteration" [3] überprüft und durch Konstanthalten des Luft-Kraftstoff-Verhältnisses korrigiert. Diese Vorgehensweise ist mit der Annahme verbunden, dass die Messgenauigkeit der Lambda-Sonde im geregelten stöchiometrischen Betrieb sehr hoch ist, während die Messung von Kraftstoff- und Luftmassen insbesondere bei einem Einzylinderaggregat fehlerbehaftet sein kann. Mit den gemessenen CO- und HC-Konzentrationen im Abgas können zudem die Verluste aus einer unvollkommenen Verbrennung berücksichtigt werden. [27]

---

[3]Die 100%-Iteration bezeichnet die iterative Korrektur der Zylindermasse durch eine Energiebilanzierung, sodass die umgesetzte Brennstoffenergie auf Basis des gemessenen Drucksignals der mittels Kraftstoffmasse zugeführten Brennstoffenergie (unter Berücksichtigung des Umsetzungswirkungsgrades) entspricht. [32], [27]

Da die piezoelektrischen Druckaufnehmer prinzipbedingt nur einen Relativ-
druck messen, muss das Hochdrucksignal mithilfe einer Nulllinienkorrektur
angepasst werden. Dafür wurde der mit einem Absolutdrucksensor gemessene
Niederdruckverlauf verwendet und das Druckniveau zum Zeitpunkt des maximalen Einlassventilhubs als Referenz für die Verschiebung des Hochdruckver-
laufs betrachtet.

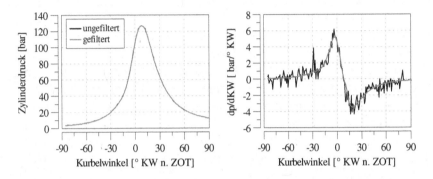

Abbildung 5.4: Filterung des Drucksignals für die Modellierung

Insbesondere bei der Analyse von klopfenden Einzelarbeitsspielen ist die Filterung des Hochdrucksignals von großer Bedeutung, da sich Störsignale mit den
klopftypischen Druckschwingungen überlagern. Während das Drucksignal in
den verwendeten Klopferkennungsalgorithmus ungefiltert eingeht, wurde für
die thermodynamischen Analysen ein Butterworth-Filter zweiter Ordnung mit
einer Grenzfrequenz von 2500 Hz verwendet.

5.4 Randbedingungen für die Simulation

Auf die Bestimmung der Zylinderfüllung für die DVA mit der 100%-Iteration
wurde im vorangehenden Kapitel eingegangen. Bei der vorhersagefähigen Arbeitsprozessrechnung wurden die Startbedingungen (Druck, Masse und Gemischzusammensetzung) für die Berechnung des Hochdruckteils mithilfe eines 1D-Strömungsmodells in GT-Power berechnet (siehe Abbildung 5.5). Die

Hochdruckphase wurde anschließend mit dem FKFS UserCylinder gerechnet. Dieser enthält gängige Modellierungsansätze für die Berechnung des Wandwärmeübergangs [32] [27] [2] und für die Berechnung der Stoffeigenschaften [32] [27], die parametriert und für die nachfolgenden Simulationen verwendet wurden.

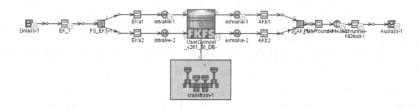

Abbildung 5.5: Vereinfachtes 1D-Ladungswechselmodell des Versuchsmotors

Die Zylinderwandtemperaturen, die über die Wandwärmeverluste einen Einfluss auf die Temperatur im Unverbrannten haben, können in GT-Suite mit einem FE-Solver unter Berücksichtigung der Brennraumgeometrie berechnet werden. Durch die Kopplung mit dem UserCylinder und dem 1D-Strömungsmodell, kann auch der Einfluss der Verbrennung (und bei einer Zündzwinkelvariation insbesondere deren Schwerpunktlage) auf den Ladungswechsel berücksichtigt werden. Es sei angemerkt, dass speziell die Quantifizierung der Zylinderwandtemperaturen mit einer hohen Unsicherheit behaftet ist. Für die Validierung der Modellierungsansätze ist es jedoch weitaus wichtiger, dass sämtliche Einflüsse auf die Simulationsrandbedingungen qualitativ richtig abgebildet werden.

5.5 Betrachtung von Einzelzyklen

Im vorangehenden Kapitel wurde aufgezeigt, dass es mithilfe des LW-Integrals möglich ist den Selbstzündungsbeginn in einem ideal durchmischten Reaktor mit hoher Genauigkeit vorherzusagen. Um den Ansatz auf den realen Motorprozess zu übertragen wurde eine umfangreiche Einzelarbeitsspielanalyse durchgeführt.

Mit den aufgezeichneten Zylinderdruckverläufen und einer 2-zonigen Druckverlaufsanalyse können die thermodynamischen Randbedingungen im Endgas für jeden einzelnen Zyklus bestimmt werden. Die Temperatur- und Druckhistorie wurde dann als Eingangsgröße für die Approximation des Zündverzugs, aus dem sich der fortlaufende Wert des LW-Integrals ergibt, verwendet. Der Zeitpunkt, bei dem das LW-Integral den Wert $I_K = 1$ erreicht, wurde anschließend mit dem experimentell ermittelten Selbstzündungsbeginn (lokales Heizverlaufsminimum zwischen „regulärem" und dem durch die Selbstzündung ausgelösten Heizverlaufsmaximum, gemäß Beschreibung in Kapitel 5.2) verglichen. Die Gegenüberstellung zeigte jedoch, dass für nahezu alle untersuchten Einzelzyklen die Zündverzugszeit zu lang und damit der Selbstzündungszeitpunkt zu spät vorhergesagt wurde. Da mit der massengemittelten Temperatur der unverbrannten Zone gerechnet wurde und davon auszugehen ist, dass vereinzelte Stellen erhöhter Temperatur („hot spots") selbstzünden, ist diese Abweichung jedoch plausibel.

In einem weiteren Schritt wurde deshalb für mehrere Betriebspunkte iterativ bestimmt, wie hoch der Temperaturaufschlag für jedes Einzelarbeitsspiel gewählt werden muss um den berechneten Selbstzündungszeitpunkt an das Experiment anzugleichen. Wie in Abbildung 5.6 dargestellt, ergibt sich ein Zusammenhang zwischen der benötigten Temperaturdifferenz und der Endgasmasse zum Zeitpunkt der Selbstzündung. Die DVA-Zylinderstartmasse ist für alle 500 Einzelzyklen einer Drehzahlstufe konstant, da die Auswirkungen von Zyklenschwankungen auf den Ladungswechsel nicht berücksichtigt wurden.

Aus den Ergebnissen der Iteration wurde ein empirisches Temperaturmodell abgeleitet, das mit Gleichung Gl. 5.2 beschrieben werden kann.

$$T_{HS} = T_{uv} + \Delta T_{HS} \cdot \frac{m_{uv}}{m_{uv,Start}} \qquad \text{Gl. 5.2}$$

Das Modell basiert auf der Annahme, dass sich die Temperatur des „hot spot" Massenpunkts umso besser mit der Massenmitteltemperatur der unverbrannten Zone beschreiben lässt, desto weniger Masse die Zone enthält bzw. desto

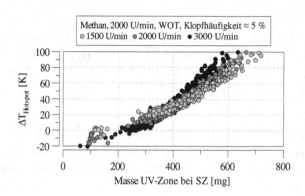

Abbildung 5.6: Iterative Bestimmung des Temperaturaufschlags ΔT_{HS}

stärker sich beide Massen annähern. In Abbildung 5.7 sind die Temperaturverläufe des Hotspots und des Endgases exemplarisch für ein Arbeitsspiel veranschaulicht.

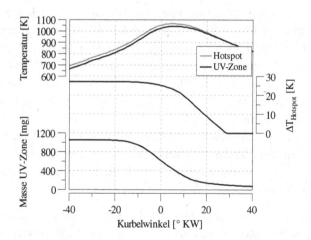

Abbildung 5.7: „hot spot"-Temperaturmodell

Mit einem initialen Temperaturaufschlag von $\Delta T_{HS} = 30\ K$ ergibt sich eine gute Übereinstimmung von Simulation und Experiment. Optische Untersuchungen der Temperaturfluktuationen im Endgas mittels laserinduzierter Fluoreszens (LIF) in [84] und [85] haben gezeigt, dass die Amplituden der Temperaturschwankungen mehr als 20 K betragen können. Dass hier mit Werten derselben Größenordnung eine hohe Vorhersagegenauigkeit erzielt werden kann, ist ein Indiz für die korrekte Abbildung der thermodynamischen Zustandsgrößen im Endgas durch die Druckverlaufsanalyse.

Kraftstoffeinfluss:
Für die Methanzahlstufe von 88,14 (Äquivalenzgemische Erdgas L) variieren die experimentell bestimmten Selbstzündungszeitpunkte für die Alkan-Gemische im Bereich von rund 15°KW, während das Methan/Wasserstoff-Gemisch eine geringe Streubreite von ca. 10°KW aufweist (siehe Abbildung 5.8). Mit dem LW-Integral kann nahezu dieselbe Spreizung vorhergesagt werden. Dabei weicht die Ergebnisgüte nur geringfügig ab, wenn statt mit tabellierten Zündverzügen aus einer Lookup-Tabelle mit der Approximation gerechnet wird.

Vergleicht man die Selbstzündungszeitpunkte der Einzelzyklen, zeigt sich eine sehr gute Korrelation zwischen Messung und Simulation. Für das Methan-/Ethan-Gemisch liegen nahezu alle Punkte innerhalb eines ±5°KW-Streubands. Für ein Großteil der Einzelarbeitsspiele kann der Selbstzündungsbeginn sogar mit einer Abweichung <2°KW vorhergesagt werden. Auch für die anderen Gasgemische funktioniert die Vorhersage gut, auch wenn sich hier geringfügig höhere Abweichungen ergeben. Ohnehin ist zu beachten, dass die Detektion des Selbstzündungszeitpunkts auf Basis des gemessenen Druckverlaufs prinzipbedingt sehr sensitiv auf Störungen und Messrauschen reagiert, weshalb es auch hier zu einer Abweichung im Vergleich zum realen Selbstzündungsbeginn kommen kann. Zudem vernachlässigt das verwendete Heizverlaufskriterium unkritische Selbstzündungen, die vor Eintreten der klopfauslösenden Selbstzündung stattfinden.

Obwohl die Binärgase aus Abbildung 5.8 dieselbe Methanzahl von 88,14 besitzen, zeigt sich im Motorbetrieb eine unterschiedliche Selbstzündungsneigung. Das Methan/Ethan-Gemisch ist klopffester als das äquivalente Methan/Propan- und Methan/Butan-Gemisch, was im Prüfstandsbetrieb frühere Zündwinkel ermöglicht. Durch die frühe Zündung und vorgelagerte Verbrennung tritt die Selbstzündung für das Methan/Ethan-Binärgas deshalb im Mittel früher auf, während sich die Punktewolke mit steigender Kettenlänge des Zumischgases

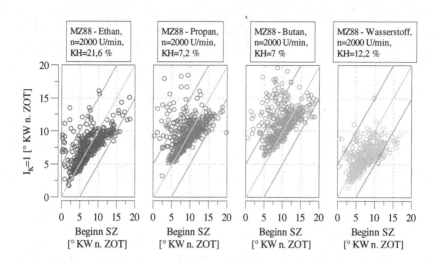

Abbildung 5.8: Einzelzyklenanalyse Binärgase MZ 88,14

in Richtung „spät" verschiebt. Das Wasserstoff-Gemisch ermöglicht ebenfalls sehr frühe Zündwinkel und die gemessenen Selbstzündungszeitpunkte verhalten sich ähnlich wie beim Ethan-Gemisch. Allerdings ist hier die Punktewolke nach unten geneigt, sodass die Vorhersagequalität mit späteren Selbstzündungszeitpunkten schlechter wird und die Zündneigung zunehmend überschätzt wird.

Bei einer Erhöhung der Sekundärgas-Anteile und einer Methanzahlstufe von 81,86 (Äquivalenzgemische Erdgas „H") verschieben sich die Selbstzündungszeitpunkte durch die verminderte Klopffestigkeit wie in Abbildung 5.9 dargestellt in Richtung „spät". Die Ausnahme bildet das Methan/Wasserstoff-Gemisch, für das sich der Selbstzündungszeitpunkt trotz eines späteren Zündwinkels ähnlich wie beim ErdgasL-Äquivalent verhält. Möglicherweise sorgt der erhöhte Wasserstoffanteil für eine schnelle Verbrennung und Wärmefreisetzung, sodass sich im Mittel dieselben Selbstzündungszeitpunkte ergeben.

Die Ergebnisse für die Methanzahlstufe 65,62 sind in Abbildung 5.10 dargestellt. Die Selbstzündungszeitpunkte für das Methan/Ethan- und Methan-/Propan-Gemisch rücken mit späteren Zündwinkeln um ca. 2 bis 3°KW in Richtung „spät", während sich die Punktemenge für das Wasserstoff-Äquiva-

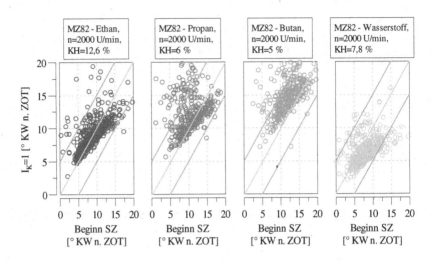

Abbildung 5.9: Einzelzyklenanalyse Binärgase MZ 81,86

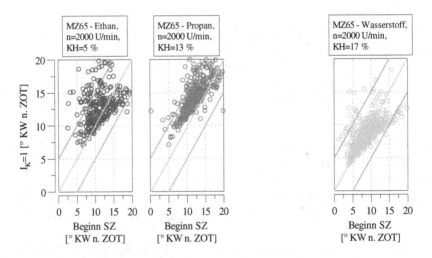

Abbildung 5.10: Einzelzyklenanalyse Binärgase MZ 65,62

lent nur um rund 1°KW verschiebt. Für das Methan/Propan-Gemisch nimmt die Vorhersagegenauigkeit ab und der Selbstzündungszeitpunkt wird mit der Approximation tendenziell zu spät vorhergesagt.

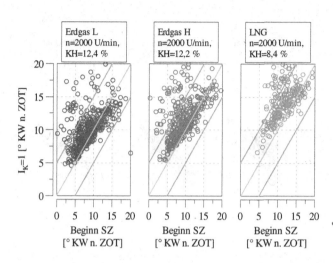

Abbildung 5.11: Einzelzyklenanalyse Realgase

Für die Untersuchung der Realgase in Abbildung 5.11 wurde der Mehrkomponentenansatz aus Kapitel 4.3.1 zur Approximation der Zündverzugszeiten verwendet. Auch damit lässt sich der Selbstzündungsbeginn für alle drei Realgase relativ gut innerhalb des Streubandes vorhersagen. Beim LNG-Gemisch werden die Zündzeitpunkte im Vergleich zu den beiden Erdgasen etwas zu spät vorhergesagt.

Drehzahleinfluss:
Neben dem Kraftstoffeinfluss wurde auch der Einfluss der Motordrehzahl für ein stöchiometrisches Methan-Luft-Gemisch untersucht. Mit steigender Drehzahl verkürzt sich die für die Selbstzündung zur Verfügung stehende Zeit. Im Motorbetrieb ermöglicht dies frühere Zündzeitpunkte, da die Verbrennung nicht im gleichen Maße wie der Selbstzündungsprozess beschleunigt wird. Aus Abbildung 5.12 geht hervor, dass der Bereich in °KW, in dem die Selbstzündungen stattfinden, nahezu unabhängig von der Drehzahl ist. Jedoch nimmt die Vorhersagegenauigkeit in der Simulation mit steigender Drehzahl ab. Für 3000 U/min werden die später liegenden Selbstzündungszeitpunkte durch das LW-Integral zu früh vorhergesagt.

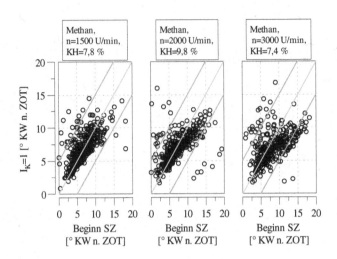

Abbildung 5.12: Einzelzyklenanalyse Methan

5.6 Vorhersage Klopfgrenze

Im vorhergehenden Kapitel 5.5 wurde gezeigt, dass sich das LW-Integral und die τ-Approximation auf reale Einzelarbeitsspiele anwenden lassen und der Klopfbeginn vorhergesagt werden kann. Zusammen mit dem prediktiven Brennverlaufsmodell aus Kapitel 3 ist es somit möglich die Klopfgrenze für verschiedene Erdgaszusammensetzungen und Randbedingungen vorauszuberechnen. Dafür wurde das Entrainmentmodell einmalig für einen nicht klopfenden Betriebspunkt anhand des mittleren Arbeitsspiels abgestimmt (siehe auch Kapitel 3.5) und eine simulative Zündwinkelvariation durchgeführt. Die simulativ bestimmte Klopfgrenze wurde anschließend den experimentellen Ergebnissen gegenübergestellt.

5.6.1 Auswertung LW-Integral

Bei den Einzelarbeitsspielanalysen wurde beobachtet, dass es im Bereich der Klopfgrenze eine Vielzahl von Arbeitsspielen gibt, die eine Selbstzündung aufweisen aber vom Klopfkriterium nicht identifiziert werden. Mit dem LW-

Integral kann zwar eine Selbstzündung vorhergesagt werden, nicht jedoch wie kritisch diese Selbstzündung ist und ob sie in Folge ein Klopfen induziert. Für die Vorhersage der Klopfgrenze ist deshalb ein weiteres Kriterium notwendig.

Daher wurde untersucht, ob es einen Zusammenhang zwischen den thermodynamischen Randbedingungen zum Zeitpunkt der Selbstzündung und der Klopfintensität gibt. In Abbildung 5.13 sind die Klopfintensitäten aller Zyklen über dem zeitlichen Endgastemperaturgradienten bei Selbstzündungsbeginn aufgetragen. Je näher die Selbstzündung im Bereich der maximalen Temperatur der unverbrannten Zone stattfand, desto höher war die Wahrscheinlichkeit einer hohen Klopfintensität.

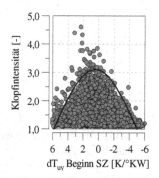

Abbildung 5.13: Verteilung der Klopfintensitäten

Ein Kriterium, das zu dieser Beobachtung passt, wurde von Sankaran et al. in [81] postuliert. Die dimensionslose Sankaran-Zahl beschreibt das Verhältnis von Reaktionsfrontgeschwindigkeit zu laminarer Flammengeschwindigkeit. Die Geschwindigkeit der Reaktionsfront u_{HS}, die sich ausgehend vom Selbstzündungskern ausbreitet, wird durch die räumlichen Temperaturgradienten des umliegenden Volumens bestimmt und hängt von der (Temperatur-)Sensitivität des Zündverzugs ab. Werte von $Sa > 1$ beschreiben eine moderate Selbstzündung mit deflagrativem Charakter, während ein Wert von $Sa < 1$ eine starke Selbstzündung mit schneller, detonativer Reaktionsfrontausbreitung charakterisiert.

$$Sa = 0,5 \cdot \frac{s_L}{u_{HS}} = 0,5 \cdot s_L \left(\frac{d\tau_{HS}}{dT} \right) \cdot \left(\frac{dT}{dx} \right) \qquad \text{Gl. 5.3}$$

Für die Modellierung wurde ein konstanter räumlicher Temperaturgradient von 5 K/mm angenommen und die partielle Ableitung des Zündverzugs numerisch über den mittleren Differenzenquotienten bestimmt. Die laminare Flammenge-schwindigkeit wurde mit dem Ansatz aus Kapitel 3.4.5 berechnet. Der Wert für Sa wurde für jeden Rechenschritt bestimmt und das LW-Integral für den kritischen Zeitpunkt $t_1 = t_{min(Sa)}$ ausgewertet. Zu diesem Zeitpunkt nimmt die Sankaran-Zahl den kleinsten Wert im Verlauf des kompletten Arbeitsspiels ein. Zumeist passiert das genau dann, wenn die Massenmitteltemperatur im Unverbrannten ihr Maximum erreicht, wie in Abbildung 5.14 exemplarisch dargestellt.

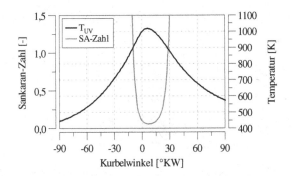

Abbildung 5.14: Verlauf der Sankaran-Zahl während eines Arbeitsspiels

Als einzige Kalibrierungsgröße diente der Temperaturaufschlag auf die Massenmitteltemperatur der unverbrannten Zone $\Delta T_{HS} = 41\ K =$ konst. (siehe Gleichung Gl. 5.2), der anhand eines Referenz-Betriebspunkts (100% -Methan, $\lambda = 1$, 2000 U/min) an der 5% -Klopfgrenze so gewählt wurde, dass sich zum Auswertezeitpunkt der Wert $I_K = 1$ ergab. Die Klopfgrenze in der Simulation stellt somit stets die Verbrennungsschwerpunktlage dar, bei der eine Selbstzündung im Endgas zum nach Sankaran kritischsten Zeitpunkt während des Arbeitsspiels auftritt. Die Bedingung $I_{K,t_{min(Sa)}} = 1$ an der Klopfgrenze ist damit für alle nachfolgenden Ergebnisse erfüllt. Durch den dargestellten Zusammenhang zwischen der Sankaran-Zahl und dem Temperaturmaximum im Unverbrannten kann Klopfen per Definition nur dann auftreten, wenn die Selbstzündung während der Kompressionsphase des Endgases stattfindet.

Die Messdatenauswertung in Abbildung 5.15 zeigt, dass ausnahmslos alle klopfauslösenden Selbstzündungen vor Erreichen des Druckumkehrpunkt und der darauffolgenden Expansionsphase liegen, was sich mit den Beobachtungen in [82] deckt. Ein Großteil dieser kritischen Selbstzündungen liegt zudem vor Erreichen des Temperaturmaximums im Unverbrannten, das aufgrund der Wandwärmeverluste der unverbrannten Zone immer vor dem Druckumkehrpunkt liegt. Möglicherweise reicht die mittlere Reaktivität im Endgas in der Expansionsphase nicht mehr aus um aus vereinzelten Selbstzündungen eine Kettenexplosion entstehen zu lassen.

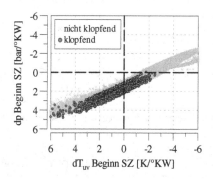

Abbildung 5.15: Einfluss von Druck- und Temperaturgradient aufs Klopfen

5.6.2 Kraftstoffeinfluss

In Abbildung 5.16 sind die Ergebnisse aus Experiment und Simulation für unterschiedliche Methan/Ethan-Gemische der Methanzahlstufen 88,14, 81,86 und 65,62 gegenübergestellt. Die durchgezogene schwarze Linie bezieht sich auf das Referenzgas Methan. Aufgrund der unterschiedlichen Klopfneigung der Binärgase im Versuch ergibt sich für niedrigere Methanzahlstufen eine Verschiebung der Schwerpunktlage nach „spät". Die Spreizung vom reaktivsten Methan/Ethan-Gemisch zu reinem Methan beträgt dabei rund 6,2°KW. Mit dem Klopfmodellierungsansatz kann die Klopfgrenze der Gase qualitativ gut vorhergesagt werden. Die Spreizung wird jedoch unterschätzt und die Gase tendenziell als zu klopffest simuliert, wobei der Fehler mit zunehmenden Ethan-Anteil und damit späteren Schwerpunktlagen an der Klopfgrenze zunimmt.

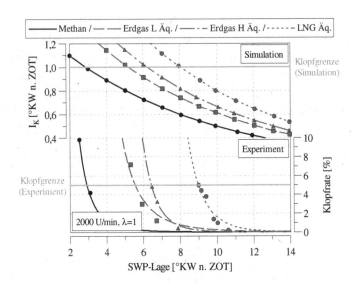

Abbildung 5.16: Vorhersage der Klopfgrenze für Methan/Ethan-Gemische

Tabelle 5.4: Klopfgrenze (U50% $_K$) für Ethan-Vergleichsgemische

	U50% $_K$ [°KW n. ZOT]		Δ U50% $_{K,Realgas}$ [°KW]	
MZ [-]	Experiment	Simulation	Experiment	Simulation
88,14	5,6	5,2	-0,8	-0,6
81,86	6,4	6,3	-0,9	-0,1
65,62	9,0	8,0	-1,4	-1,4

Für die Methan/Propan-Gemische in Abbildung 5.17 ergibt sich ein ähnliches Bild. Die Spreizung der Schwerpunktlagen zwischen dem klopffreudigen LNG-Äquivalent der Methanzahlstufe 65,62 und reinem Methan beträgt im Versuch rund 8,9°KW, während in der Simulation lediglich 7°KW vorhergesagt werden. Außerdem wird, analog zu den Ergebnissen für die Ethan-Gemische, die Schwerpunktlage an der Klopfgrenze stets unterschätzt und als zu früh simuliert. Der Fehler nimmt dabei mit steigendem Propan-Gehalt zu.

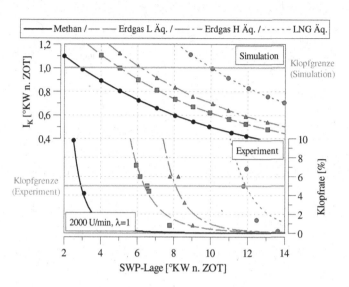

Abbildung 5.17: Vorhersage der Klopfgrenze für Methan/Propan-Gemische

Tabelle 5.5: Klopfgrenze (U50% $_K$) für Propan-Vergleichsgemische

MZ [-]	U50% $_K$ [°KW n. ZOT] Experiment	Simulation	Δ U50% $_{K,Realgas}$ [°KW] Experiment	Simulation
88,14	6,4	5,0	0	-0,8
81,86	8,1	6,2	+0,8	-0,2
65,62	11,8	10,0	+1,4	+0,6

In Abbildung 5.18 sind die Ergebnisse der Binärgase mit Butan-Zumischung dargestellt. Im Gegensatz zu den anderen Binärgasen ist der Fehler in der vohergesagten Schwerpunktlage an der Klopfgrenze hier auch für die hohen Methanzahlstufen 88,14 und 81,86 größer. So ergeben sich für das Erdgas L und für das Erdgas H Äquivalent eine Abweichung von ca. 2,1°KW und 2,8°KW.

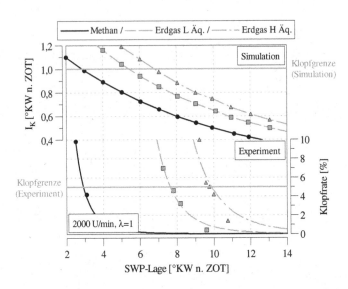

Abbildung 5.18: Vorhersage der Klopfgrenze für Methan/Butan-Gemische

Tabelle 5.6: Klopfgrenze (U50% $_K$) für Butan-Vergleichsgemische

MZ [-]	U50% $_K$ [°KW n. ZOT] Experiment	Simulation	Δ U50% $_{K,Realgas}$ [°KW] Experiment	Simulation
88,14	8,6	5,8	+2,2	0
81,86	10,2	7,1	+2,9	+0,8

Die größte Abweichung in der Simulation ergibt sich für die Binärgase mit Wasserstoff als Sekundärgaskomponente. Wie in Abbildung 5.19 zu sehen, wird die Schwerpunktlage an der Klopfgrenze für alle drei Methanzahlstufen zu spät vorhergesagt, was im Gegensatz zu den Ergebnissen der Kohlenwasserstoffgemische steht. Für die Methanzahlstufe 88,14 beträgt der Fehler 0,9°KW, während sich für das klopffreudigste Methan/Wasserstoff-Gemisch mit einer Methanzahl von 65,62 eine Abweichung von 2,1°KW ergibt. Auffällig ist die geringe Klopfneigung im Experiment. Mit einer Spreizung von lediglich 4,6°KW zwischen der Schwerpunktlage von Methan und dem Wasserstoff-

Binärgas mit der Methanzahl 65,62 zeigt sich hier selbst das klopffreudigste Binärgas als relativ klopffest.

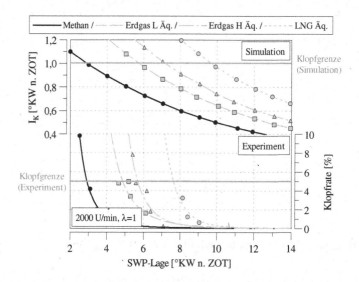

Abbildung 5.19: Vorhersage der Klopfgrenze für Methan/Wasserstoff-Gemische

Tabelle 5.7: Klopfgrenze (U50% $_K$) für Wasserstoff-Vergleichsgemische

MZ [-]	U50% $_K$ [°KW n. ZOT]		Δ U50% $_{K,Realgas}$ [°KW]	
	Experiment	Simulation	Experiment	Simulation
88,14	4,9	5,8	-1,5	-0,1
81,86	5,7	7,2	-1,6	+0,8
65,62	7,6	9,7	-2,8	+0,3

Neben Methan und den synthetischen Äquivalenzgemischen wurde auch eine Schwerpunktlagenvariation für die Realgase simuliert. Die Ergebnisse sind in Abbildung 5.20 dargestellt. Simulation und Experiment stimmen gut überein und die Klopfgrenze kann für alle Methanzahlen mit einer Genauigkeit von $\leq$ 1°KW vorhergesagt werden. Mit niedrigeren Methanzahlen und steigendem Anteil an >C1-Komponenten nimmt der Fehler zu.

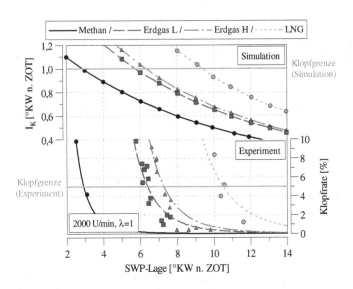

Abbildung 5.20: Vorhersage der Klopfgrenze für Realgase

Tabelle 5.8: Klopfgrenze (U50% $_K$) für Realgase

MZ [-]	U50% $_K$ [°KW n. ZOT]	
	Experiment	Simulation
88,14	6,4	5,8
81,86	7,3	6,4
65,62	10,4	9,4

5.6.3 Drehzahleinfluss

In Abbildung 5.21 sind die Ergebnisse einer Drehzahlvariation dargestellt. Im Experiment liegt die Klopfgrenze für alle drei Drehzahlen bei ähnlichen Schwerpunktlagen und die Klopfneigung nimmt mit höheren Drehzahlen ab. In der Simulation kann das für Methan abgebildet werden. Für das LNG-Äquivalenzgemisch ergibt sich jedoch eine andere Reihenfolge, wenngleich die

Klopfgrenzen für die drei Drehzahlen eng zusammenfallen und eine Unterscheidung schwerfällt.

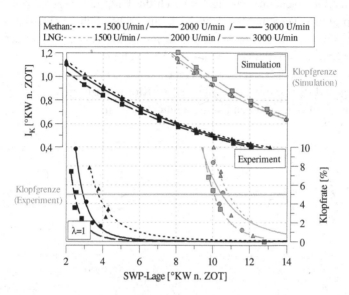

Abbildung 5.21: Vorhersage der Klopfgrenze für eine Drehzahl-Variation

Tabelle 5.9: Klopfgrenze (U50% $_K$) für eine Drehzahl-Variation

Drehzahl [$\frac{U}{min}$]	U50% $_K$ [°KW n. ZOT] Experiment	Simulation	Δ U50% $_{K,2000}$ $\frac{U}{min}$ [°KW] Experiment	Simulation
	Methan			
1500	3,8	3,2	+0,9	+0,3
2000	2,9	2,9	/	/
3000	2,5	2,3	-0,4	-0,2
	LNG			
1500	10,7	9,2	+0,3	-0,2
2000	10,4	9,4	/	/
3000	10,1	9,8	-0,3	+0,4

5.6.4 Einfluss Luft-Kraftstoff-Verhältnis

Durch eine Gemischabmagerung lässt sich die Klopfneigung reduzieren und die Klopfgrenze verschiebt sich in Richtung früher Schwerpunktlagen. Das Klopfmodell ist in der Lage das ebenso abzubilden, wobei sich bei der Spreizung der Schwerpunktlagen eine kleine Abweichung zum Experiment ergibt (siehe Abbildung 5.22). Der Effekt einer moderaten Anfettung auf $\lambda = 0,96$ ist gering und die Schwerpunktlage an der Klopfgrenze im Vergleich zu stöchiometrischen Bedingungen kaum zu unterscheiden.

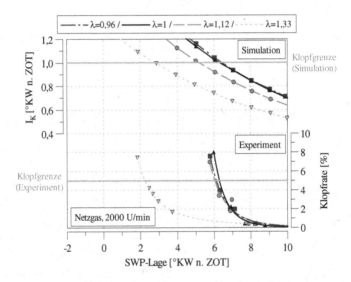

Abbildung 5.22: Vorhersage der Klopfgrenze für eine λ-Variation

Tabelle 5.10: Klopfgrenze (U50% $_K$) für eine λ-Variation

λ [-]	U50% $_K$ [°KW n. ZOT] Experiment	Simulation	Δ U50% $_{K,\lambda=1}$ [°KW] Experiment	Simulation
0,96	6,1	6,5	-0,2	+0,2
1,00	6,3	6,3	/	/
1,12	6,0	5,2	-0,3	-1,1
1,33	2,2	2,8	-4,1	-3,5

5.6.5 Einfluss Ansauglufttemperatur

Da die Spitzentemperatur im Brennraum vom Temperaturniveau zu Beginn der Kompressionphase abhängt, hat die Ansauglufttemperatur einen großen Einfluss auf die Klopfneigung. Im Experiment führt eine Erhöhung der Ansaugluftemperatur um 20 K zu einer Verschiebung der Schwerpunktlage an der Klopfgrenze um rund 4°KW. Wie in Abbildung 5.23 dargestellt, kann das in der Simulation qualitativ abgebildet werden, wobei sich lediglich eine Verschiebung von rund 3°KW ergibt.

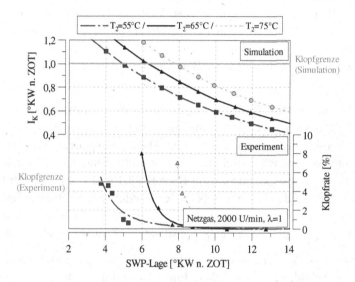

Abbildung 5.23: Vorhersage der Klopfgrenze für eine T_2-Variation

Tabelle 5.11: Klopfgrenze (U50% $_K$) für eine T_2-Variation

T_2	U50% $_K$ [°KW n. ZOT]		Δ U50% $_{K,T_2=65C}$ [°KW]	
	Experiment	Simulation	Experiment	Simulation
55°C	3,8	4,9	-2,5	-1,4
65°C	6,3	6,3	/	/
75°C	8,1	7,8	+1,8	+1,5

5.7 Bewertung der Ergebnisse

Bei der Beurteilung der Modellqualität ist zu beachten, dass Inhomogenitäten von Temperatur und Gemischzusammensetzung im Endgas mit einer 2-zonigen Druckverlaufsanalyse und den verwendeten Modellierungsansätzen nicht berücksichtigt werden können. Die berechnete Massenmitteltemperatur des Endgases, die direkt in das Zündintegral eingeht, ist nicht nur abhängig von den verwendeten Wandwärmemodellierungsansätzen und deren Parametrierung, sondern auch von den Wandtemperaturen im Brennraum, die nicht genau ermittelt werden können. Ebenso kann die Detektion des Selbstzündungsbeginns über den gemessen Druckverlauf fehlerhaftet sein und das verwendete Kriterium aus Kapitel 5.2 ist für die Erkennung des Klopfbeginns ausgelegt und nicht explizit für die Bestimmung des initialen Selbstzündungsbeginns.

In [65] konnte der Klopfbeginn in einem ähnlichen Streuband (ca. $\pm 4°$KW) wie die Selbstzündungszeitpunkte in dieser Arbeit vorhergesagt werden, allerdings in Verbindung mit neu kalibrierten Abstimmungsparametern für jedes untersuchte Gasgemisch. Durch die separate Validierung der Zündverzugsapproximation und des LW-Integrals in Kapitel 4.3.1 und 4.3.2 kann der Fehler weitestgehend auf die Eingangsgrößen des Zündintegrals zurückgeführt werden, insbesondere wenn man den einfachen Ansatz für die Modellierung der „hot spot„-Temperatur und die hohe Sensivität des Zündverzugs betrachtet.

Wie sensitiv die Vorhersage der Klopfgrenze auf die Endgastemperatur reagiert, ist in Abbildung 5.24 zu sehen. Ein Offset auf die in die Approximation eingehenden Massenmitteltemperaturen der unverbrannten Zone von ± 10 K führt zu einer Verschiebung der Klopfgrenze um $\mp 1,1°$KW für Methan, für das klopffreudige LNG-Äquivalenzgemisch sogar um $\mp 1,6°$KW, was eine Spreizung von $3,2°$KW ergibt. Da sich Ungenauigkeiten in der quantitativen Bestimmung der Endgastemperatur allein aufgrund der Unsicherheit im Wandwärmeübergang nicht vermeiden lassen, ist es umso wichtiger qualitative Einflüsse auf den Temperaturverlauf korrekt vorherzusagen. Ist das der Fall, kann ein fehlerhaftes Temperaturniveau durch Kalibrierung des Temperaturoffsets auf die Massenmitteltemperatur der unverbrannten Zone bis zu einem gewissen Grad kompensiert werden, wie es auch in [24] postuliert wird.

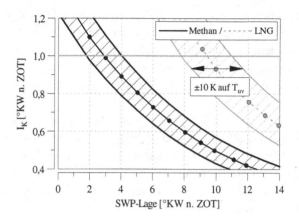

Abbildung 5.24: Einfluss eines T_{uv}-Offsets auf die Klopfgrenze

Betrachtet man den Einfluss des Endgas-Temperaturverlaufs genauer, zeigt sich in Abbildung 5.25, dass der Temperaturbereich von der Spitzentemperatur im Unverbrannten bis ca. 100 K darunter den größten Anteil an der I_K-Wert-Bildung hat.

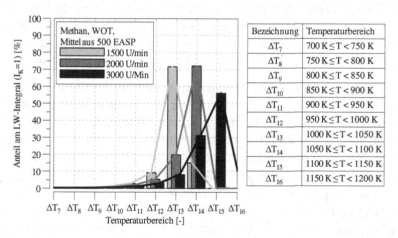

Abbildung 5.25: Anteil verschiedener Temperaturniveaus an der I_K-Wert Bildung

Durch den exponentiellen Einfluss der Temperatur auf den Zündverzug ist es weniger entscheidend, wie lange moderate Temperaturniveaus durchlaufen werden, sondern es ist wichtig, welchen Maximalwert die Temperatur annimmt. Im konkreten Fall lässt die geringere Klopfneigung bei höheren Drehzahlen frühere Zündzeitpunkte an der Klopfgrenze zu, was zu einer Erhöhung der maximalen Endgastemperatur führt und durch die Simulation abgebildet werden muss. Für die Modellierung lässt sich schlussfolgern, dass die Qualität des Brennverlaufsmodells entscheidend für die Vorhersagefähigkeit des Klopfmodells ist. Fehler im zeitlichen Verlauf und im Niveau der Brennrate wirken sich durch die geänderte Kompression des Endgases unweigerlich auf dessen Temperaturhistorie und infolgedessen auch auf die Simulation von Selbstzündungszeitpunkt und Klopfgrenze aus.

Neben der Temperatur hat auch der Brennraumdruck einen Einfluss auf Zündverzug und I_K-Wert, sodass sich die Frage stellt, wie groß der jeweilige Effekt der beiden Größen ist. In Abbildung 5.26 ist der Zündverzug für ein stöchiometrisches Methan-Luft-Gemisch über Druck und Temperatur aufgetragen. Ebenfalls dargestellt ist der Druck- und Temperaturbereich, der typischerweise während eines Arbeitsspiels durchlaufen wird. Der steile Verlauf der Isolinien gleichen Zündverzugs ist ein Indiz für einen starken Temperatureinfluss und einen eher moderaten Druckeinfluss. Aufgrund der komplexen Reaktionskinetik kann diese Aussage jedoch nicht pauschal auf alle untersuchten Gaszusammensetzungen übertragen werden. Das gilt insbesondere dann, wenn im Kraftstoff größere Anteile an Propan und Butan enthalten sind.

Im Vergleich zu Motoren im Benzin-Betrieb fällt bei der Einzelarbeitsspielanalyse auf, dass beim Betrieb an der Klopfgrenze nahezu jedes Arbeitsspiel selbstzündungsbehaftet ist. Ein Großteil der Selbstzündungen erfüllt jedoch nicht die definierten Klopfkriterien und wird daher nicht als klopfend identifiziert. Die der Selbstzündung folgende Umsetzung des Gasgemisches besitzt dann einen deflagrativen Charakter und weist im Vergleich zur regulären Verbrennung nur leicht erhöhte Brennraten auf. Bei genauerer Betrachtung der einzelnen Zyklen wurde festgestellt, dass tendenziell die Arbeitsspiele als klopfend eingestuft werden, die bis zum Selbstzündungseintritt eine besonders schnell ablaufende Verbrennung aufweisen. Allerdings ist dies kein hinreichendes Kriterium für die Unterscheidung von klopfenden und nicht klopfenden Arbeitsspielen, wie aus Abbildung 5.27 hervorgeht. Es existieren sowohl sehr

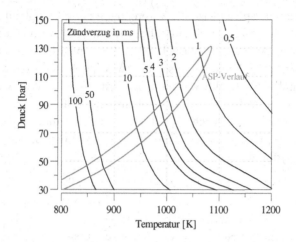

Abbildung 5.26: Vergleich von Druck- und Temperatureinfluss auf den Zündverzug von Methan

schnell brennende Einzelzyklen, die keine Klopfphänome aufweisen, als auch
relativ langsam brennende Einzelzyklen, die als klopfend bewertet wurden.

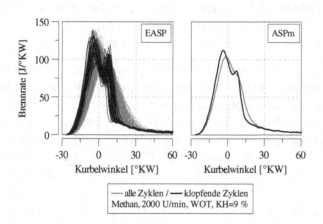

Abbildung 5.27: klopfende/nichtklopfende Einzelzyklen

Betrachtet man die späte Phase der Verbrennung der als klopfend identifizierten Einzelzyklen, so zeigt sich ein nahezu identischer Ausbrand für alle Arbeitsspiele. Dem Ausbrand vorausgehend ist die klopfende Verbrennung durch
hohe Umsatzraten und eine im Anschluss stark abfallende Brennrate gekennzeichnet. Durch die schnelle Verbrennung wird das komplette Brennraumgemisch zügig umgesetzt und der Druckumkehrpunkt früh erreicht. Die anschlie-
ßende Ausbrandphase lässt sich vermutlich auf das unverbrannte Gemisch, das
aus den Quetschspalten und dem Feuerstegbereich in den Brennraum zurück-
strömt, zurückführen.

Bei der Vorhersage der Klopfgrenze können die Einflüsse von Drehzahl, Ansauglufttemperatur, Kraftstoff- und Gemischzusammensetzung durch die Modellierungsansätze qualitativ richtig abgebildet werden. Für die Bewertung der
Modellgüte ist zu beachten, dass das Brennverlaufsmodell am mittleren Arbeitsspiel abgestimmt wurde und die simulierten Druck- und Temperaturniveaus im Endgas damit zwar die Bedingungen des Betriebspunkts repräsentieren,
nicht aber explizit die Eigenschaften der als klopfend identifizierten Einzelarbeitsspiele (5 %). Der Temperaturaufschlag auf die unverbrannte Zone, der für
die Kalibrierung verwendet wurde, ist damit nicht nur als reiner „hot spot"-
Einfluss zu sehen, sondern beinhaltet auch einen Zyklenschwankungseffekt.
Es ist anzunehmen, dass sich die Ergebnisgüte weiter verbessern würde, wenn
man in der Lage wäre, die thermodynamischen Randbedingungen im Endgas
wie Temperaturniveau und -Verteilung genauer zu bestimmen.

In Abbildung 5.28 ist das Modellverhalten für die verschiedenen Kraftstoffkomponenten zusammengefasst dargestellt. Der Einfluss der Kraftstoffzusammensetzung auf die Klopfneigung kann qualitativ richtig abgebildet werden.
Im Vergleich zu den experimentellen Ergebnissen fällt auf, dass die Klopfneigung für die Kohlenwasserstoff-Binärgase durchgängig unterschätzt wird und
sich leicht frühere U50% -Lagen an der Klopfgrenze ergeben. Mit zunehmendem Sekundärgasanteil scheint sich dieser Effekt zu verstärken. Womöglich
spielen hier physikalische Effekte eine Rolle, die mit dem Modellierungsansatz nicht berücksichtigt werden können. Da dieses Verhalten bei der Vorhersage der Selbstzündungszeitpunkte für die Einzelarbeitsspiele nicht beobachtet
werden kann, wäre es möglich, dass es kraftstoffspezifische Unterschiede im
Verhalten nach Eintreten der Selbstzündung gibt.

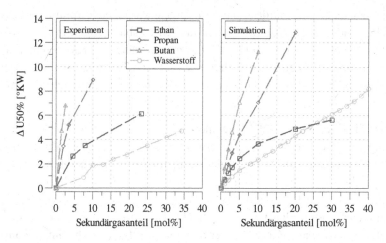

Abbildung 5.28: Sekundärgaseinfluss auf die Klopfgrenze·

Für Wasserstoff verhält sich das Klopfmodell genau konträr und sagt eine zu hohe Klopfneigung voraus. Am Prüfstand fiel gemäß [82] auf, dass sich die Wasserstoff-Binärgase der untersuchten Methanzahlstufen stets deutlich klopffester als ihre Kohlenwasserstoff-Äquivalente verhalten. Es ist möglich, dass die Selbstzündung bei Wasserstoffgemischen aufgrund der sehr hohen Brenngeschwindigkeit eher einen deflagrafiven Charakter besitzt als ein methanzahlgleiches Kohlenwasserstoffgemisch. Eventuell führen die unterschiedlichen Molverhältnisse bei identischer Methanzahl auch zu verschiedenen Ausprägungen von Gemisch- und damit Temperaturinhomogenitäten im Endgas.·

Unabhängig von der Beschreibung der physikalischen Randbedingungen im Endgas spielt die Wahl des Auswertezeitpunktes vom LW-Integral eine wichtige Rolle. Während in den Arbeiten [28], [86] und [108] eine feste Verbrennungslage (bspw. U80%) als Auswertezeitpunkt dient, haben die Analysen in dieser Arbeit gezeigt, dass der klopfauslösende Selbstzündungseintritt keiner festen Umsatzlage zugeordnet werden kann. In [82] wurde für die gesamte hier untersuchte Gasmatrix ausgewertet, dass ein Großteil der als klopfend identifizierten Arbeitsspiele einen Klopfbeginn im Bereich von U40% bis U60% aufweist. Demzufolge scheint die zum Zeitpunkt der Selbstzündung zur Verfügung stehende unverbrannte Masse keinen merklichen Einfluss auf die Klopfintensität zu haben und stattdessen das im Endgas vorliegende Temperaturniveau entscheidend zu sein. Das deckt sich mit den Beobachtungen in [57], wo gezeigt wurde, dass die Klopfintensität zunimmt je näher der Klopfeintritt in der Nähe des oberen Totpunkts und damit bei höheren Temperaturen liegt. Der in dieser Arbeit beschriebene Auswertezeitpunkt, bestimmt durch ein vereinfachtes Sankaran-Kriterium, bildet diese Beobachtungen ab.

Aufgrund der verhältnismäßig allgemeinen Formulierung über die (temperaturabhängige) Endgasreaktivität ist zu erwarten, dass sich das Sankaran-Kriterium auch für Benzinkraftstoffe anwenden lässt, bei denen sich der Temperatureinfluss auf die Selbstzündungsneigung aufgrund des NTC-Bereichs merklich unterscheidet und der Klopfeintritt typischerweise bei späteren Umsatzlagen und damit niedrigeren Endgastemperaturen [111] stattfindet. Für Benzin validierte Ansätze wie von Fandakov [24] oder Schmid [86] stützen sich zum Teil auf die Annahme, dass eine klopfauslösende Selbstzündung im vergleichsweise kühlen Zylinderwandbereich nicht mehr stattfinden kann und versuchen damit eine physikalische Erklärung zu liefern, wieso Klopfen ab einer gewissen (späten) Umsatzlage oder nach Erreichen des Druckumkehrpunkts nicht mehr möglich ist. Letztlich beruhen diese Kriterien damit auch auf einer Art notwendigen Mindestreaktivität bzw. Mindesttemperatur, sind aber aufgrund der enthaltenen Wandeinflüsse im Gegensatz zum Sankaran-Kriterium nicht auf eine bei konstant frühen Umsatzlagen liegende Klopfgrenze anwendbar.

Durch die einmalige Kalibrierung über den Temperaturaufschlag auf die Massenmitteltemperatur der unverbrannten Zone ist eine einfache Handhabung und Anwendung des Klopfmodellierungsansatzes gewährleistet. Im Vergleich zur Vorgehensweise in [65], [111], [86] und [108] sind dadurch zudem die Abstimmungsparameter des Modells von der Selbstzündungschemie entkoppelt. Würde die Kalibrierung über den I_K-Wert des LW-Integrals oder direkt über die Arrhenius-Parameter erfolgen, so würden physikalische Effekte (bspw. auch eine fehlerhafte Endgastemperatur) die der Berechnung der Zündverzugszeit zu Grunde liegende Reaktionskinetik verfälschen. So gesehen ist der hier verwendete Ansatz durch die Trennung von reaktionskinetischen und thermodynamischen Effekten nicht nur robuster, sondern auch ganzheitlicher und tendenziell besser für die Übertragbarkeit auf andere Motorenkonzepte geeignet.

6 Zusammenfasssung und Ausblick

Durch die umfangreichen Reaktionskinetikrechnungen konnte die Selbstzündungscharakteristik methanbasierter Gemische für motorische Druck- und Temperaturniveaus untersucht werden. Insbesondere die höheren Kohlenwasserstoffe wie Propan und Butan zeigen ein von Methan abweichendes Verhalten und führen in Erdgasen zu einer starken Verkürzung der Zündverzugszeit wodurch die Klopfneigung erheblich beeinflusst wird. Mit der aus detaillierten reakionskinetischen Simulationen abgeleiteten, mehrstufigen Arrhenius-Approximation für die Zündverzugszeit und dem LW-Integral ist es möglich den Selbstzündungsbeginn mit hoher Genauigkeit vorherzusagen, was durch die Gegenüberstellung mit Messdaten aus dem FVV-Projekt Methan-Kraftstoffe [83] gezeigt werden konnte. Abgeleitet aus den Ergebnissen der vorangehenden Kapitel lässt sich die Klopfmodellierung in drei Teilaspekten zusammenfassen.

Chemie der Selbstzündung:
Die Reaktionskinetikrechnungen haben gezeigt, dass die Selbstzündungschemie durch eine Vielzahl von Parametern beeinflusst wird und die ablaufenden Reaktionsschemata komplex sind. Das gilt insbesondere dann, wenn der Kraftstoff höherkettige Kohlenwasserstoffe >C2 enthält. Der für Benzinkraftstoffe charakteristische NTC-Bereich, in dem die Zündverzugszeit mit steigender Temperatur zunimmt, kann ab einem gewissen Anteil an Propan und Butan ebenfalls beobachtet werden, spielt aber für erdgasähnliche Gaszusammensetzungen keine Rolle. Die reaktionskinetisch bestimmten Zündverzugszeiten können wie in [105] mit einem 3-Arrhenius-Modell approximiert und in einem Zünd- bzw. LW-Integral verwendet werden. Im Gegensatz zu Benzin, wo aufgrund der Niedertemperaturchemie ein zweistufiges LW-Integral für die Vorhersage des Selbstzündungszeitpunkts benötigt wird [25], genügt für Erdgaskraftstoffe ein einstufiger Ansatz. Damit kann die Selbstzündung für veränderliche Druck- und Temperaturrandbedingungen im motorischen Bereich nahezu ohne Fehler vorhergesagt werden, was anhand eines eigens für die Validierung entwickelten Reaktormodells gezeigt wurde.

© Der/die Autor(en), exklusiv lizenziert durch
Springer Fachmedien Wiesbaden GmbH, ein Teil von Springer Nature 2021
L. Urban, *Modellierung der klopfenden Verbrennung methanbasierter Kraftstoffe*, Wissenschaftliche Reihe Fahrzeugtechnik Universität Stuttgart,
https://doi.org/10.1007/978-3-658-32918-1_6

Bei Anwendung auf Motormessdaten und Gegenüberstellung des detektierten Klopfbeginns mit dem berechneten Selbstzündungszeitpunkt zeigt sich bei Verwendung der massengemittelten Endgastemperatur ein Fehler im Bereich mehrerer Grad Kurbelwinkel. Das lässt vermuten, dass zwar die Abbildung der Selbstzündungschemie funktioniert, nicht jedoch die genaue Beschreibung des Endgaszustandes, was wiederum zum nächsten Teilaspekt führt.

Thermodynamische Beschreibung des Endgases:
Im Rahmen der Einzelarbeitsspielanalysen hat sich gezeigt, dass sich die Vorhersage des Klopfbeginns mit einem Temperaturaufschlag auf die Massenmitteltemperatur der unverbrannten Zone deutlich verbessern lässt. Geht man davon aus, dass es zu keiner schlagartigen Selbstzündung der kompletten Endgasmasse bei Klopfbeginn kommt, sondern die Zündung stattdessen an vereinzelten Orten erhöhter Temperatur („hot spots") stattfindet, ist dieses Ergebnis plausibel. Die Modellierung von Gemisch- und Temperaturinhomogenitäten ist komplex und hängt von einer Vielzahl von Parametern ab, wie beispielsweise der Ausbreitung der regulären Flammenfront oder der Brennraumturbulenz, und könnte Gegenstand von Folgeuntersuchungen sein.

Durch die nachgewiesene Sensivität des Zündverzugs bedarf es für die Simulation der Klopfgrenze eines ganzheitlichen Modellierungsansatzes, der in der Lage sein muss den thermodynamischen Zustand des Endgases vorherzusagen. Das bedingt ein Brennverlaufsmodell, das die reguläre Verbrennung für unterschiedliche Kraftstoffe und Verbrennungslagen richtig abbildet. Mit der Erweiterung des Ewald-Ansatzes für die laminare Flammengeschwindigkeit in der Arbeit von Hann [38] kann der Einfluss von Druck, Temperatur und Gemischzusammensetzung auf den Brennverlauf abgebildet werden. Weitere Effekte wie ein der Kraftstoffeinfluss auf die Flammenfrontfaltung oder Flammenlöschungseffekte im Wandbereich wurden nicht betrachtet, am Institut für Fahrzeugtechnik Stuttgart der Universität Stuttgart sind aber entsprechende Untersuchungen im Gange.

Zusammenfassend lässt sich sagen, dass eine quantitative Vorhersage der Selbstzündungsneigung eine sehr hohe Genauigkeit des verwendeten Verbrennungsmodells und der dazugehörigen Untermodelle erfordert und demzufolge auch räumliche Effekte im Endgas berücksichtigt werden müssten. Somit stellt sich zwangsläufig die Frage, ob eine solch hohe Abbildungsgenauigkeit in der

0D/1D-Simulation überhaupt möglich ist. Für die Abbildung der qualitativen Einflüsse ist das Modell (und die Modellklasse) zweifelsohne geeignet, wie durch die Anwendung auf die Einzylinder-Messdaten gezeigt werden konnte.

Übergang zur klopfenden Verbrennung:
Ein weiterer Aspekt, der eng mit der Beschreibung des Endgaszustandes zusammenhängt, ist die Unterscheidung verschiedener Selbstzündungs- bzw. Klopfmodi. Wie die selbstzündungsbehafteten, aber nicht als klopfend identifizierten Einzelarbeitsspiele zeigen, ist die Selbstzündung alleine kein hinreichendes Kriterium für ein Motorklopfen. Nur wenn spezielle Bedingungen im Brennraum vorherrschen, führt die Selbstzündung zu den klopftypischen Druckschwingungen und wird vom verwendeten Klopfalgorithmus erkannt. Wann sich eine Selbstzündung so entwickelt, dass sie vom Klopfalgorithmus als klopfend eingestuft wird, kann neben dem Algorithmus selbst von vielen verschiedenen Faktoren wie den Temperaturgradienten und -niveaus im Endgas oder dem an der spontanen Umsetzung beteiligten Gemischvolumen abhängen.

Durch Auswertung der Motormessdaten konnte gezeigt werden, dass eine Korrelation zwischen Klopfintensität und Endgastemperatur besteht. Auf Basis dieser Ergebnisse wurde das LW-Integral um ein vereinfachtes Klopfkriterium nach Sankaran erweitert. Im Vergleich der simulierten 5%-Klopfgrenze mit den Versuchsergebnissen zeigt sich eine gute Übereinstimmung für drei Realgase unterschiedlicher Methanzahl. Für die binären Vergleichsgemische wird die Klopfneigung mit zunehmender Sekundärgasanteil unterschätzt, wobei inbesondere für die Methanzahlstufe 65,62 die Molanteile an Ethan, Propan und Butan nicht mehr repräsentativ für eine reales Erdgasgemisch sind. Die Methan/Wasserstoff-Binärgase verhalten sich genau konträr. Hier wird die Klopfneigung in der Simulation überschätzt.

Weitere Zusammenhänge zwischen der Klopfintensität und den thermodynamischen Randbedingungen im Endgas finden sich in der Arbeit von Scharlipp [82] und können Bestandteil eines weiterentwickelten Klopfkriteriums sein.

Durch die Modellierungsansätze zur Abbildung der Selbstzündungschemie und des Endgaszustandes leistet die Arbeit einen wertvollen Beitrag zur Verbesserung der vohersagefähigen Klopfmodellierung für erdgasbetriebene Verbrennungsmotoren. Die Anwendung auf Motormessdaten hat gezeigt, dass die

Klopfgrenze für unterschiedliche Parametervariationen qualitativ richtig vorhergesagt werden kann, was insbesondere für die simulative Motorkonzeptauslegung interessant ist. In Abbildung 6.1 ist bspw. für unterschiedliche Verdichtungsverhältnisse dargestellt, wie sich der Kraftstoff auf die Umsatzlage an der Klopfgrenze und den induzierten Hochdruckwirkungsgrad auswirkt.

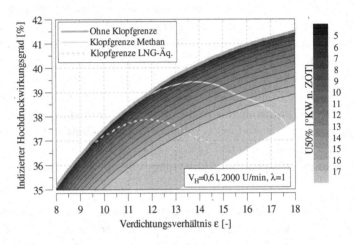

Abbildung 6.1: Beispielhafte Vorhersage von Klopfgrenze und indiziertem Hochdruckwirkungsgrad je nach Verdichtungsverhältnis

Die einfache Abstimmung des Klopfmodells über einen einzelnen Parameter macht das Modell anwenderfreundlich und gewährleistet zudem eine Entkopplung der kraftstoffabhängigen, aber motorunabhängigen Selbstzündungschemie von den motorischen Randbedingungen. Auch wenn die Übertragbarkeit der Ansätze auf andere Motoren und Motorkonzepte noch gezeigt werden muss, ist deswegen davon auszugehen, dass sie auch dort funktionieren.

Literaturverzeichnis

[1] ANDRULEIT, H. u. a.: BGR Energiestudie 2017 - Daten und Entwicklungen der deutschen und globalen Energieversorgung. (2017)

[2] BARGENDE, M.: *Ein Gleichungsansatz zur Berechnung der instationären Wandwärmeverluste im Hochdruckteil von Ottomotoren*, Technische Hochschule Darmstadt, Dissertation, 1991

[3] BARGENDE, M.: Schwerpunkt-Kriterium und automatische Klingelerkennung. In: *Motortechnische Zeitschrift* 10 (1995), S. 632–638

[4] BARGENDE, M. ; GRILL, M.: Zukunft der Motorprozessrechnung und 1D-Simulation. In: *Motortechnische Zeitschrift, Jubiläumsausgabe, Springer Vieweg, Wiesbaden* (2014)

[5] BLIZARD, N.C. ; KECK, J.C.: Experimental and Theoretical Investigation of Turbulent Burning Model for Internal Combustion Engines. In: *SAE Transactions* 83 (1974), Nr. 1, S. 846–864

[6] BOURQUE, G. ; HEALY, D. ; CURRAN, H. ; ZINNER, C. ; KALITAN, D. ; VRIES, J. de ; AUL, C. ; PETERSEN, E.: Ignition and Flame Speed Kinetics of Two Natural Gas Blends With High Levels of Heavier Hydrocarbons. In: *ASME Turbo Expo 2008: Power for Land, Sea, and Air Combustion, Fuels and Emissions, Parts A and B* (2008)

[7] BUNDESNETZAGENTUR: *Biogas-Monitoringbericht 2014*. Bundesnetzagentur für Elektrizität, Gas, Telekommunikation, Post und Eisenbahnen, 2014

[8] BUNDESNETZAGENTUR: *Monitoringbericht 2018*. Bundesnetzagentur für Elektrizität, Gas, Telekommunikation, Post und Eisenbahnen, 2019

[9] BURGER, B.: *Öffentliche Nettostromerzeugung in Deutschland im Jahr 2018*. Fraunhofer-Institut für Solare Energiesysteme ISE, 2019

[10] CARTELLIERI, W. ; PFEIFER, U.: *Erweiterung der Energieerzeugung durch Kraftgase; Teil 3: Untersuchungen zur Übertragbarkeit der am CFR-Motor gefundenen Ergebnisse auf andere Motoren: Gültigkeitsbereich der Methanzahl.* Forschungsvereinigung Verbrennungskraftmaschinen e.v., 1971

[11] CHUN, K. ; HEYWOOD, J.: Characterization of Knock in a Spark-Ignition Engine. In: *SAE Technical Paper 890156* (1989)

[12] CORD, M. ; HUSSON, B. ; LIZARDO HUERTA, J.C. ; HERBINET, O. ; GLAUDE, P-A. ; FOURNET, R. ; SIRJEAN, B. ; BATTIN-LECLERC, F. ; RUIZ-LOPEZ, M. ; WANG, Z. ; XIE, M. ; CHEN, Z. ; QI, F.: Study of the Low Temperature Oxidation of Propane. In: *The Journal of Physical Chemistry A* (2012)

[13] CSALLNER, P.: *Eine Methode zur Vorausberechnung der Änderung des Brennverlaufes von Ottomotoren bei geänderten Betriebsbedingungen,* Technische Universität München, Dissertation, 1981

[14] DAVIS, S.G. ; LAW, C.K.: Determination of and Fuel Structure Effects on Laminar Flame Speeds of C1 to C8 Hydrocarbons. In: *Combustion Science and Technology* 140 (1998), Nr. 1-6, S. 427–449

[15] DEUTSCHER VEREIN DES GAS- UND WASSERFACHES: *Technische Regel - Arbeitsblatt G 260. Gasbeschaffenheit.* DVGW, 2013

[16] DEUTSCHER VEREIN DES GAS- UND WASSERFACHES: *Gas-Mobilität (PKW, LKW, Bus) - Umweltauswirkungen, Technologie und Wirtschaftlichkeit gasbasierter Mobilität.* DVGW, 2018

[17] DEUTSCHER VEREIN DES GAS- UND WASSERFACHES: *Mobilität kompakt - CNG, LNG & erneuerbare Gase für einen klimafreundlichen Verkehrssektor.* DVGW, 2018. – URL https://www.dvgw.de/medien/dvgw/leistungen/publikationen/mobilitaet-kompakt-dvgw.pdf

[18] DIRRENBERGER, P. ; LE GALL, H. ; BOUNACEUR, R. ; HERBINET, O. ; GAUDE, P.-A. ; KONNOV, A. ; BATTIN-LECLERC, F.: Measurements of Laminar Flame Velocity for Components of Natural Gas. In: *Energy and Fuels* 156 (2011), S. 292–301

[19] DLR - INSTITUTE OF COMBUSTION TECHNOLOGY: *Bestimmung der laminaren Brenngeschwindigkeit.* – URL http://www.dlr.de/vt/ en/desktopdefault.aspx/tabid-3068/4636_read-6698/

[20] DOUAUD, E. ; EYZAT, T.: Four-Octane-Number Method for Predicting the Anti-Knock Behavior of Fuels and Engines. In: *Society of Automotive Engineers, Inc.* (1978)

[21] DOWDY, D.R. ; SMITH, D.B. ; TAYLOR, S.C. ; WILLIAMS, A.: The use of expanding spherical flames to determine burning velocities and stretch effects in hydrogen/air mixtures. In: *Symposium (International) on Combustion* 23 (1991), Nr. 1, S. 325–332

[22] DÖRR, H. u. a.: *Untersuchungen zur Einspeisung von Wasserstoff in ein Erdgasverteilnetz – Auswirkungen auf den Betrieb von Gasanwendungstechnologien im Bestand, auf Gas-Plus-Technologien und auf Verbrennungsregelstrategien. Abschlussbericht.* DVGW Deutscher Verein des Gas- und Wasserfaches, 2016

[23] EWALD, J.: *A Level Set Based Flamelet Model for the Prediction of Combustion in Homogeneous Charge and Direct Injection Spark Ignition Engines*, Rheinisch-Westfälische Technische Hochschule Aachen, Dissertation, 2006

[24] FANDAKOV, A.: *A Phenomenological Knock Model for the Development of Future Engine Concepts*, Institut für Verbrennungsmotoren und Kraftfahrwesen der Universität Stuttgart, Dissertation, 2018

[25] FANDAKOV, A. ; GRILL, M. ; BARGENDE, M. ; KULZER, A.: Two-Stage Ignition Occurrence in the End Gas and Modeling Its Influence on Engine Knock. In: *SAE International Journal of Engines* 10 (2017), Nr. 4

[26] FISCHER, M.: *Klopfregelung für Ottomotoren.* Expert-Verlag, 2003

[27] FORSCHUNGSINSTITUT FÜR KRAFTFAHRWESEN UND FAHRZEUGMOTOREN STUTTGART (FKFS): *Bedienungsanleitung zur GT-Power-Erweiterung FkfsUserCylinder. Version 2.4.0.* 2014

[28] FRANZKE, D.: *Beitrag zur Ermittlung eines Klopfkriteriums der otto-motorischen Verbrennung und zur Vorausberechnung der Klopfgrenze*, Technische Universität München, Dissertation, 1981

[29] GÜLDER, O.L.: Correlations of Laminar Combustion Data for Alternative S.I. Engine Fuels. In: *SAE Technical Papers* (1984), Nr. 841000

[30] GOODWIN, David G. ; MOFFAT, Harry K. ; SPETH, Raymond L.: *Cantera: An Object-oriented Software Toolkit for Chemical Kinetics, Thermodynamics, and Transport Processes*. 2016. – Version 2.2.1

[31] GRIFFITHS, J.F.: Reduced kinetic models and their application to practical combustion systems. In: *Progress in Energy and Combustion Science* 21 (1995), Nr. 1, S. 25–107

[32] GRILL, M.: *Objektorientierte Prozessrechnung von Verbrennungsmotoren*, Institut für Verbrennungsmotoren und Kraftfahrwesen der Universität Stuttgart, Dissertation, 2006

[33] GRILL, M. ; BARGENDE, M.: The cylinder module. In: *MTZ worldwide* 70 (2009), Nr. 10, S. 60–66

[34] GRILL, M. ; BARGENDE, M.: The Development of an Highly Modular Designed Zero-Dimensional Engine Process Calculation Code. In: *SAE International Journal of Engines* 3 (2010), Nr. 1, S. 1–11

[35] GRILL, M. ; BILLINGER, T. ; BARGENDE, M.: Quasi-Dimensional Modeling of Spark Ignition Engine Combustion with Variable Valve Train. In: *SAE-Paper 2006-01-1107* (2006)

[36] GRILL, M. ; CHIODI, M. ; BERNER, H. J. ; BARGENDE, M.: Berechnung der thermodynamischen Stoffwerte von Rauchgas und Kraftstoffdampf beliebiger Kraftstoffe. In: *Motortechnische Zeitschrift* 68 (2007), Nr. 5, S. 398–406

[37] GU, X. ; HAQ, M. ; LAWES, M. ; WOOLLEY, R: Laminar Burning Velocity and Markstein Lengths of Methane-Air Mixtures,. In: *Combustion and Flame 121* (2000), S. 41–58

[38] HANN, S.: *Reaktionskinetische Bestimmung laminarer Flammenge-schwindigkeiten von binären, methanbasierten CNG-Substituten*, Hochschule Konstanz, Forschungsinstitut für Kraftfahrwesen und Fahrzeugmotoren Stuttgart, Masterarbeit, 2016

[39] HANN, S. ; URBAN, L. ; GRILL, M. ; BÁRGENDE, M.: Influence of Binary CNG Substitute Composition on the Prediction of Burn Rate, Knocking and Cycle-to-Cycle- Variations. In: *SAE International Journal of Engines* (2017), Nr. 2017-01-0518

[40] HANN, S. ; URBAN, L. ; GRILL, M. ; BARGENDE, M.: Vorhersage von Brennverlauf, Klopfen und Zyklenschwankungen binärer CNG-Substitute unter Berücksichtigung reaktionskinetischer Einflüsse. In: *International Congress: Motorische Verbrennung (ENCOM 2017)* (2017)

[41] HEALY, D. ; DONATO, N.S. ; AUL, C.J. ; PETERSEN, E.L. ; ZINNER, C.M. ; BOURQUE, G. ; CURRAN, H.J.: Isobutane ignition delay time measurements at high pressure and detailed chemical kinetic simulations. In: *Combustion and Flame* 157 (2010), S. 1540–1551

[42] HEALY, D. ; DONATO, N.S. ; AUL, C.J. ; PETERSEN, E.L. ; ZINNER, C.M. ; BOURQUE, G. ; CURRAN, H.J.: n-Butane: Ignition delay measurements at high pressure and detailed chemical kinetic simulations. In: *Combustion and Flame* 157 (2010), S. 1526–1539

[43] HEALY, D. ; KALITAN, D.M. ; AUL, C.J. ; PETERSEN, E.L. ; BOURQUE, G. ; CURRAN, H.J.: Oxidation of C1-C5 Alkane Quinternary Natural Gas Mixtures at High Pressures. In: *Energy & Fuels* 2010 (2010), Nr. 24, S. 1521–1528

[44] HEALY, D. ; KOPP, M.M. ; POLLEY, N.L.. ; PETERSEN, E.L. ; BOURQUE, G. ; CURRAN, H.J.: Methane/n-Butane Ignition Delay Measurements at High Pressure and Detailed Chemical Kinetic Simulations. In: *Energy & Fuels* 24 (2010), S. 1617–1627

[45] HERMANNS, Roy Theodorus E.: *Laminar Burning Velocities of Methan-Hydrogen-Air Mixtures*, Technische Universiteit Eindhoven, Dissertation, 2007

[46] HERNÁNDEZ, J. ; LAPUERTA, M. ; SANZ-ARGENT, J.: Autoignition prediction capability of the Livengood-Wu correlation applied to fuels of commercial interest. In: *International Journal of Engine Research* (2014, Vol. 15)

[47] HEYWOOD, J.B.: *Internal Combustion Engine Fundamentals*. McGraw-Hill, Inc., 1988

[48] HOLTON, M.: *Autoignition delay time measurements for natural gas fuel components and their mixtures*, Combustion Science Engineering, Inc, Dissertation, 2012

[49] HU, H. ; KECK, J.: Autoignition of Adiabatically Compressed Combustible Gas Mixtures. In: *SAE Technical Paper 872110* (1987)

[50] HU, Z. ; SOMERS, B. ; CRACKNELL, R. ; BRADLEY, D.: Investigation of the Livengood–Wu integral for modelling autoignition in a high-pressure bomb. In: *Combustion Theory and Modelling* (2016)

[51] JERZEMBECK, S. ; PETERS, N. ; PEPIOT-DESJARDINS, P. ; PITSCH, H.: Laminar burning velocities at high pressure for primary reference fuels and gasoline: Experimental and numerical investigation. In: *Combustion and Flame* 25 (2009), Nr. 9, S. 3875–3884

[52] JOMAAS, G. ; ZHENG, X.L. ; ZHU, D.L. ; LAW, C.K.: Experimental determination of counterflow ignition temperatures and laminar flame speeds of C2–C3 hydrocarbons at atmospheric and elevated pressures. In: *Proceedings of the Combustion Institute* 30 (2005), S. 193–200

[53] JOOS, F.: *Technische Verbrennung. Verbrennungstechnik, Verbrennungsmodellierung, Emissionen*. Springer Verlag Berlin Heidelberg, 2006

[54] KESKIN, Tim: *Modell zur Vorhersage der Brennrate in der Betriebsart kontrollierte Benzinselbstzündung*. Springer Vieweg, 2016

[55] KLEINSCHMIDT, W.: Zur Simulation des Betriebes von Ottomotoren an der Klopfgrenze. In: *VDI-Fortschrittsberichte* 12 (2000), Nr. 422

[56] KÖNIG, G. ; MALY, R. ; BRADLEY, D. ; LAU, A. ; SHEPPARD, C.: Role of Exothermic Centres on Knock Initiation and Knock Damage. In: *SAE Technical Paper 902136* (1990)

[57] KONIG, G. ; SHEPPARD, C.G.W.: End Gas Autoignition and Knock in a Spark Ignition Engine. In: *SAE International Fuel and Lubricants* (1990)

[58] KRAFTFAHRT-BUNDESAMT: *Neuzulassungen von Personenkraftwagen in den Jahren 2009 bis 2018 nach ausgewählten Kraftstoffarten.* – URL https://www.kba.de/DE/Statistik/Fahrzeuge/Neuzulassungen/Umwelt/n_umwelt_z.html. – abgerufen am 07.07.2019

[59] LAW, C.K. ; SUNG, C.J.: Structure, aerodynamics, and geometry of premixed flamelets. In: *Progress in Energy and Combustion Science* 26 (2000), S. 459–505

[60] LEFEBVRE, A. ; FREEMAN, W. ; COWELL, L.: Spontaneous Ignition Delay Characteristics of Hydrocarbon Fuel/Air Mixtures. In: *NASA Contractor Report 175064* (1986)

[61] LI, S.C. ; WILLIAMS, F.A.: Reaction Mechanisms for Methane Ignition. In: *Journal of Engineering for Gas Turbines and Power* 124 (2000)

[62] LIAO, S. ; JIANG, D. ; CHENG, Q.: Determination of laminar burning velocities for natural gas. In: *Fuel 83* (2004), S. 1247–1250

[63] LIU, D.D.S. ; MACFARLANE, R.: Laminar burning velocities of hydrogen-air and hydrogen-air-steam flames. In: *Combustion and Flame* 49 (1983), Nr. 1-3, S. 59–71

[64] LIVENGOOD, J.C. ; WU, P.C.: Correlation of Autoignition Phenomena in Internal Combustion Engines and Rapid Compression Machines. In: *Symposium (International) on Combustion* (1955)

[65] LÄMMLE, C.: *Numerical and Experimental Study of Flame Propagation and Knock in a Compressed Natural Gas Engine*, ETH Zürich, Dissertation, 2005

[66] MARKSTEIN, G.H.: Nonsteady Flame Propagation. In: *Pergamon Press, Oxford* (1964)

[67] METCALFE, W. ; BURKE, S. ; AHMED, S. ; CURRAN, H.: A Hierarchical and Comparative Kinetic Modeling Study of C1-C2 Hydrocarbon and Oxygenated Fuels. In: *International Journal of Chemical Kinetics* 45 (2013), Nr. 10, S. 638–675

[68] MILLER, S.J.: The Method of Least Squares. In: *Department of Mathematics and Statistics, Williams College, Williamstown* (2006)

[69] NABER, J.D. ; SIEBERS, D.L. ; DI JULIO, S.S. ; WESTBROOK, C.K.: Effects of natural gas composition on ignition delay under diesel conditions. In: *Combustion and Flame* 99 (1994), S. 192–200

[70] NATIONS, United: *United Nations Framework Convention on Climate Change.* 2015

[71] O'CONNAIRE, M. ; CURRAN, H. J. ; SIMMIE, J. M. ; PITZ, W. J. ; WESTBROOK, C. K.: *A Comprehensive Modeling Study of Hydrogen Oxidation.* International Journal of Chemical Kinetics. 2004. – URL https://combustion.llnl.gov/archived-mechanisms/ hydrogen. – S. 36:603–622. – ISSN 0538–8066

[72] PAN, J. ; ZHAO, P. ; LAW, C. ; WEI, H.: A Predictive Livengood-Wu Correlation for Two-stage Ignition. In: *International Journal of Engine Research* 17 (2015), Nr. 8, S. 825–835

[73] PETERS, N.: *Turbulente Brenngeschwindigkeit.* DFG-Abschlußbericht zum Forschungsvorhaben Pe 241/9-2, 1994

[74] PETERSEN, E. ; DAVIDSON, D. ; HANSON, R.: Ignition Delay Times of Ram Accelerator CH4/O2/Diluent Mixtures. In: *Journal of Propulsion and Power* 15 (1999), Nr. 1, S. 82–91

[75] PETERSEN, E. ; RÖHRIG, M. ; DAVIDSON, D. ; HANSON, R. ; BOWMAN, C.: High-pressure methane oxidation behind reflected shock waves. In: *Symposium (International) on Combustion* 26 (1996), Nr. 1, S. 799–806

[76] PILLING, M.J.: *Low-temperature Combustion and Autoignition,*. Bd. 35. Elsevier Science, 1997

[77] POTTER, A.E. ; BERLAD, A.L.: The effect of fuel type and pressure on flame quenching. In: *Symposium (International) on Combustion* 6 (1957), Nr. 1, S. 27–36

[78] QIN, Z. ; LISSIANSKI, V.V. ; YANG, H. ; GARDINER, J. ; DAVIS, S.G. ; WANG, H.: *An Optimized Reaction Model of C1-C3 Combustion.* 2000. – URL http://ignis.usc.edu/Mechanisms/C3-opt/C3-opt.html

[79] QUICENO GONZÁLEZ, R.: *Evaluation of a Detailed Reaction Mechanism for Partial and Total Oxidation of C1 - C4 Alkanes*, Universität Heidelberg, Dissertation, 2007

[80] ROTHE, M. ; HEIDENREICH, T. ; SPICHER, U. ; SCHUBERT, A.: Knock Behavior of SI-Engines: Thermodynamic Analysis of Knock Onset Locations and Knock Intensities. In: *SAE International Journal of Engines* 115 (2006), Nr. 3, S. 165–176

[81] SANKARAN, R. ; IM, H.G. ; HAWKES, E.R. ; CHEN, J.H.: The effects of non-uniform temperature distribution on the ignition of a lean homogeneous hydrogen–air mixture. In: *Proceedings of the Combustion Institute* 30 (2005), S. 875–882

[82] SCHARLIPP, S.: *Untersuchung des Klopfverhaltens methanbasierter Kraftstoffe*, Institut für Verbrennungsmotoren und Kraftfahrwesen der Universität Stuttgart, Dissertation, 2017

[83] SCHARLIPP, S. ; URBAN, L.: *Methan-Kraftstoffe: Potenzialstudie und Kennzahlen, Abschlussbericht für FVV-Projekt Nr. 1126.* Forschungsvereinigung Verbrennungskraftmaschinen e.V, 2015

[84] SCHIESSL, R. ; MAAS, U.: Analysis of endgas temperature fluctuations in an si engine by laser-induced fluorescence. In: *Combustion and Flame* 133 (2003)

[85] SCHIESSL, R. ; SCHUBERT, A. ; MAAS, U.: Temperature Fluctuations in the Unburned Mixture: Indirect Visualisation Based on LIF and
Numerical Simulations. In: *SAE Technical Paper* 2006-10-16 (2006)

[86] SCHMID, A. ; GRILL, M. ; BERNER, H.-J. ; BARGENDE, M.: Ein neuer
Ansatz zur Vorhersage des ottomotorischen Klopfens. In: *Irreguläre
Verbrennung, Tagung Ottomotorisches Klopfen 3* (2011)

[87] SCHMID, A. ; GRILL, M. ; BERNER, H. J. ; BARGENDE, M. ; ROSSA,
S. ; BÖTTCHER, M.: Development of a Quasi-Dimensional Combusti-
on Model for Stratified SI-Engines. In: *SAE International Journal of
Engines* (2009), Nr. 2009-01-2659, S. 48–57

[88] SCHUBERT, A.: *Numerische und experimentelle Untersuchungen zum
Einfluss von Fluktuationen bei der HCCI-Verbrennung*, Karlsruher In-
stitut für Technologie (KIT), Institut für Technische Thermodynamik,
Dissertation, 2011

[89] SMITH, G. ; GOLDEN, D. ; FRENKLACH, M. ; MORIARTY, N. ; EITE-
NEER, B. ; GOLDENBERG, M. ; BOWMAN, T. ; HANSON, R. ; SONG,
S. ; GARDINER, W. ; LISSIANSKI, V. ; QIN, Z.: *GRI-Mech.* – URL
http://www.me.berkeley.edu/gri_mech/

[90] SOYLU, S. ; VAN GERPEN, J.: Development of empirically based burning rate submodels for a natural gas engine. In: *Energy Conversion
and Management* (2004), Nr. 45, S. 467–481

[91] SPADACCINI, L. ; COLKET, M.: Ignitino Delay Characteristics of Methane Fuels. In: *Prog. Energy Combust. Sci.* 20 (1994), S. 431–460

[92] TABACZYNSKI, R. ; FERGUSON, C. ; RADHAKRISHNAN, K.: A Turbulent Entrainment Model for Spark-Ignition Engine Combustion. In:
SAE Technical Paper 770647 (1977)

[93] TRIJSELAAR, A.: *Knock Prediction in Gas-Fired Reciprocating Engines*, Department Of Thermal Engineering, University of Twente, Dissertation, 2012

[94] TSE, S.D. ; ZHU, D.L. ; LAW, C.K: Morphology and burning rates of expanding spherical flames in H2/O2/inert mixtures up to 60 atmospheres. In: *Proceedings of the Combustion Institute* 28 (2000), Nr. 2, S. 1793–1800

[95] TURNS, S. R.: *An Introduction To Combustion.* McGraw-Hill Book Co - Singapore, 2000

[96] URBAN, L. ; GRILL, M. ; HANN, S. ; BARGENDE, M.: Ansatz für die Klopfmodellierung methanbasierter Kraftstoffe auf Basis reaktionskinetischer Untersuchungen. In: *16. Tagung "Der Arbeitsprozess des Verbrennungsmotors", Graz* (2017)

[97] URBAN, L. ; GRILL, M. ; HANN, S. ; BARGENDE, M.: Simulation of Autoignition, Knock and Combustion for Methane-Based Fuels. In: *SAE International Powertrains, Fuels & Lubricants Meeting* (2017), Nr. 2017-01-2186

[98] VAGELOPOULOS, Christine M. ; EGOLFOPOULOS, Fokion N.: Direct experimental determination of laminar flame speeds. In: *Symposium (International) on Combustion* 27 (1998), Nr. 1, S. 513–519

[99] VAN BASSHUYSEN, R.: *Erdgas und erneuerbares Methan für den Fahrzeugantrieb: Wege zur klimaneutralen Mobilität.* Springer Vieweg, 2015

[100] VANDERSICKEL, A.: *Two Approaches to Auto-ignition Modelling for HCCI Applications,* ETH Zürich, Dissertation, 2011

[101] VIBE, I.I.: *Brennverlauf und Kreisprozess von Verbrennungsmotoren.* Verl. der Technik, Berlin, 1970

[102] VIRNICH, L. ; GEIGER, J. ; BERGMANN, D. ; DHONGDE, A. ; SANKHLA, H.: Nutzung detaillierter Reaktionskinetik zur Vorhersage klopfender Verbrennung am Gasmotor. In: *10. Dessauer Gasmotoren-Konferenz,* 2017, S. 151–162

[103] WANG, H. ; YOU, X. ; JOSHI, A. ; DAVIS, S. ; LASKIN, A. ; EGOLFOPOULOS, F. ; LAW, C.: *High-Temperature Combustion Reaction Mo-*

del of H2/CO/C1-C4 Compounds. 2007. – URL http://ignis.usc.
edu/Mechanisms/USC-Mech%20II/USC_Mech%20II.htm

[104] WARNATZ, J. ; MAAS, U. ; DIBBLE, R.W.: *Combustion.* Springer-
Verlag, 2006

[105] WEISSER, G.: *Modelling of Combustion and Nitric Oxide Formation for
Medium-Speed DI Diesel Engines: A Comparative Evaluation of Zero-
and Three-Dimensional Approaches*, ETH Zürich, Dissertation, 2001

[106] WELZ, O. ; BURKE, M.P. ; ANTONOV, I.O. ; GOLDSMITH, C.F. ; SA-
VEE, J.D. ; OSBORN, D.L. ; TAATJES, C.A. ; KLIPPENSTEIN, S.J. ;
SHEPS, L.: New Insights into Low-Temperature Oxidation of Propane
from Synchrotron Photoionization Mass Spectrometry and Multiscale
Informatics Modeling. In: *The Journal of Physical Chemistry A* (2015)

[107] WENIG, M. ; GRILL, M. ; BARGENDE, M.: A New Approach for
Modeling Cycle-to-Cycle Variations Within the Framework of a Real
Working-Process Simulation. In: *SAE International Journal of Engines*
6 (2013), 05, S. 1099–1115

[108] WENIG, Markus: *Simulation der ottomotorischen Zyklenschwankungen*, Institut für Verbrennungsmotoren und Kraftfahrwesen der Universität Stuttgart, Dissertation, 2013

[109] WILK, R.D. ; CERNANSKY, N.P. ; COHEN, R.S.: The Oxidation of
Propane at Low and Transition Temperatures. In: *Combustion Science
and Technology* (1986)

[110] WITT, M. ; GRIEBEL, P.: Numerische Untersuchung von laminaren
Methan/Luft-Vormischflammen. In: *Interner Bericht, Paul Scherrer Institut* (2000)

[111] WORRET, R. ; SPICHER, U.: *Klopfkriterium: Vorhaben Nr. 700 , Entwicklung eines Kriteriums zur Vorausberechnung der Klopfgrenze ; Abschlussbericht.* Forschungsvereinigung Verbrennungskraftmaschinen
e.V, 2002

[112] WU, C.K. ; LAW, C.K.: On the determination of laminar flame speeds from stretched flames. In: *Symposium (International) on Combustion* 20 (1985), Nr. 1, S. 1941–1949

[113] ZELDOVICH, Y.B.: Regime Classification of an Exothermic Reaction with Nonuniformal Initial Conditions. In: *Combustion and Flame* 39 (1980), S. 211–214

[114] ZITZLER, G.: *Magerkonzept-Gasmotoren: Vorhaben Nr. 726, Entwicklung von Verfahren zur Vorausberechnung der Brennverläufe von Gasmotoren unter Berücksichtigung der Gasqualität und -zusammensetzung.* Forschungsvereinigung Verbrennungskraftmaschinen e.V, 2003

Anhang

Übersicht der angepassten Parameterdaten für die Ewald Korrektion

Tabelle A1: Parameterdaten für die Ewald-Gleichung (Methan) [38]

Parameter	Wert	Einheit
Z^*_{st}	0,055044862	-
E_i	57961,44325	K
B_i	$1,22878 \cdot 10^{18}$	bar
m	1,5	-
r	0,985	-
n	2,439	-
F	0,275941321	cm/s
G	-11427,74237	K
n_{AGR}	1,193352902	-
n_a	0,880850396	-
$s_{3,fac}$	0,845116665	-

© Der/die Herausgeber bzw. der/die Autor(en), exklusiv lizenziert durch
Springer Fachmedien Wiesbaden GmbH, ein Teil von Springer Nature 2021
L. Urban, *Modellierung der klopfenden Verbrennung methanbasierter
Kraftstoffe*, Wissenschaftliche Reihe Fahrzeugtechnik Universität Stuttgart,
https://doi.org/10.1007/978-3-658-32918-1

Tabelle A2: Spline Stützstellen S_1 und S_2 für die Berechnung von T^0 (Methan) [38]

Z^* [-]	λ [-]	S_1 [-]	S_2 [-]
0,088494009	0,6	0	1,019815875
0,076823207	0,7	0	1,012856723
0,067872075	0,8	0	1,002883774
0,060789165	0,9	0	1,000044736
0,055044862	1,0	0	1
0,050292451	1,1	0	1,001730258
0,046295439	1,2	0	1,001157296
0,04288698	1,3	0,018068018	0,99044798
0,039945993	1,4	0,029588284	0,983248822
0,037382479	1,5	0,041971055	0,97519243
0,035128147	1,6	0,055629022	0,965926145
0,033130245	1,7	0,070788589	0,95531245

Tabelle A3: Spline Stützstellen S_3 und S_4 für die Berechnung von T_B (Methan) [38]

Z^* [-]	λ [-]	S_3 [K]	S_4 [-]
0,088494009	0,6	1681,18243	0,647862588
0,076823207	0,7	1788,493264	0,689717257
0,067872075	0,8	1891,951877	0,717903297
0,060789165	0,9	2010,630116	0,691349465
0,055044862	1,0	2105,082195	0,583749366
0,050292451	1,1	1973,69007	0,663515446
0,046295439	1,2	1847,324481	0,710650198
0,04288698	1,3	1736,846406	0,740717395
0,039945993	1,4	1639,60095	0,761575177
0,037382479	1,5	1553,388794	0,776814016
0,035128147	1,6	1476,399675	0,788402544
0,033130245	1,7	1407,04621	0,797841438

Printed in the United States
By Bookmasters